工业与民用智能建筑
电磁兼容设计技术与应用手册

中国航天建设集团有限公司　主编

编写人员：段震寰

审校人员：王　勇

参编人员：段　华　刘三九　王长芬　谢　昆

U0387969

中国建筑工业出版社

图书在版编目（CIP）数据

工业与民用智能建筑电磁兼容设计技术与应用手册/中国航天
建设集团有限公司主编. —北京：中国建筑工业出版社，2013.5
ISBN 978-7-112-15156-1

Ⅰ.①工…　Ⅱ.①中…　Ⅲ.①工业建筑—智能化建筑—电磁
兼容性—设计—手册②民用建筑—智能化建筑—电磁兼容性—
设计—手册　Ⅳ.①TU85-64

中国版本图书馆 CIP 数据核字（2013）第 033821 号

本书内容包括电磁兼容设计的基本概念和原理，电磁干扰源的预测与分析，干扰场强
的计算，电磁兼容性技术，电磁干扰对电子、电子设备和人体（生物体）的影响，防护
允许限值及防护距离计算等。本书编写过程中力求避免抽象叙述和繁杂公式推导，以图文
并茂的形式表达，内容详实丰富，适合于从事工业与民用智能建筑电磁兼容设计人员、建
筑电气强弱电工程设计人员以及相关专业的管理、技术人员使用。

责任编辑：丁洪良　李　阳
责任设计：赵明霞
责任校对：张　颖　陈晶晶

工业与民用智能建筑
电磁兼容设计技术与应用手册
中国航天建设集团有限公司　主编
编写人员：段震寰
审校人员：王　勇
参编人员：段　华　刘三九　王长芬　谢　昆
*
中国建筑工业出版社出版、发行（北京西郊百万庄）
各地新华书店、建筑书店经销
华鲁印联（北京）科贸有限公司制版
北京市燕鑫印刷有限公司印刷
*
开本：787×1092 毫米　1/16　印张：13　字数：330 千字
2013 年 7 月第一版　　2013 年 7 月第一次印刷
定价：**32.00** 元
ISBN 978-7-112-15156-1
(23252)

前　言

　　电磁兼容是一门多学科相互交叉、相互渗透融合的新兴边缘学科。随着现代信息化、信息技术的迅猛发展，无线通信的崛起，使得电子、电气设备在各个领域的应用越来越广泛、普及，家用电器和电子设备相继进入千家万户，手机成为当代的"宠物"。这些设备在使用过程中产生不同波长和强度的电磁辐射，不仅使得环境周围的其他电子、电气设备的正常工作受到干扰，同时设备本身也可能受到外部周围电磁环境的干扰。并且，这些电磁辐射还充斥于人们的工作和生活空间，令人防不胜防，对人体造成潜在危害，悄悄地影响人们的健康，对人类生存环境构成新的污染与威胁，成为影响社会生活的新的重要因素。

　　由于电磁波及其辐射具有无形无色无味的特点，人们感觉不到它的存在而忽视它。在这种背景下，人们必须加强自我保护意识与科学管理，防患于未然。

　　电磁兼容性（电磁环境）与人类的关系不是简单几句话就能说清楚的，很多问题还需要人们进行深入探讨。既要重视消除电磁干扰环境的负面效应，又要用积极的态度、科学的方法面对问题并利用它有益的一面。

　　从20世纪80年代中、后期我国相关部门和机构就开展了电磁兼容性的理论研究和工程应用，先后制定了多项与电磁兼容性相关的规范和实施标准，特别是我国加入世界贸易组织（WTO）后发展更加迅猛，各相关行业出版了不少理论与实践的专著、教材。并对早期制定的规范、标准进行了修订。但是这些资料很少有涉及工业企业和民用智能建筑设计领域的电磁兼容性设计的相关论述或专著。编者长期从事建筑电气设计工作，在参与编写的"通信工程设计规范"及"电磁屏蔽室工程技术规范"等规范中已涉及诸多工业企业及民用智能建筑设计里的电磁兼容性问题，如工厂选址、建筑选点、变电站（所）、信息机房设置、高压架空输电线路与弱电线路干扰计算、相互间距、允许限值、设备选型与布局、电磁干扰对人体、设备、设施的危害等。

　　电磁兼容性设计内容及其防护涉及的技术领域和服务对象几乎涵盖了强电、弱电、无线通信和电子、电气设备及系统，且发展迅速。本书详细介绍了电磁兼容设计所需参数、预测与评估。对各项计算公式的应用没有或很少引用数学推导的过程而仅给出实际应用结果，可直接应用于工程。

　　编者抱着为工业企业及民用智能建筑设计行业、电子、电气设计工作者提供一些电磁兼容设计资料的愿望，结合工作中的经验和所掌握到的国内外有关工业企业及民用智能建筑电磁兼容（EMC）设计资料和研究成果汇集了本书，希望能对工业企业及民用智能建筑设计工作者有所帮助。

　　本书由中国航天建设集团有限公司（下简称集团公司）编写，集团公司高级工程师段震寰任主编；参与编写的有中国航天科工集团第二研究院高级工程师段华，北京天海航天电子科技有限公司刘三九、王长芬，集团公司高级工程师谢昆；集团公司电气总工程师王勇任主审。

　　本书在编写过程中，北京天海航天电子科技有限公司工程师宋丽娜、李龙为本书的出版做了大量工作，在此向他们以及本书所引用文献资料的单位和同仁表示衷心的感谢。

　　电磁兼容设计这门学科内容丰富，涉及的技术领域和服务对象广泛，相关理论和技术还在不断深入研究，其认识尚不完全统一，加之编者水平和能力的不足之处，书中的错误和不妥，敬请专家、读者谅解，并不吝赐教。

目　　录

第一章　无线电波传播概述

第一节　名词及术语解释

(1) 电磁发射（electromagnetic emission）从源向外发出电磁能的现象，即以辐射或传导形式从源发出的电磁能量，此处"发射"与通信工程中常用的"发射"的含义并不完全相同。电磁兼容中的"发射"既包含传导发射，也包含辐射发射；而通信工程中的"发射"主要是指辐射发射。电磁兼容中的"发射"常常是无意的，其发射的部件是一些配套部件，如线缆等。而通信的发射部件是为传播无线电波专门制造的，如天线等。并有专门的无线电发射台（站）发出有用的无线电波。

(2) 电磁辐射（electromagnetic radiation）由不同于传导机理所产生的有用信号的发射或电磁骚扰的发射。电磁辐射是将能量以电磁波形式由源发射到空间，并且以电磁波形式在空间传播。

注："发射"与"辐射"的区别在于："发射"指向空间以辐射形式或沿导线以传导形式发出的电磁能量；而"辐射"指脱离场源向空间传播的电磁能量，两者不可混淆。

(3) 电磁骚扰（electromagnetic disturbance）任何可能引起装置、设备或系统性能降级或对有生命或无生命物质产生损害作用的电磁现象。电磁骚扰可能是电磁噪声、无用信号或传播媒介自身的变化。电磁骚扰仅仅是电磁现象，即客观存在的一种物理现象，它可能引起设备性能的降级或损害，但不一定已经形成后果。

(4) 电磁干扰（electromagnetic interference）由电磁骚扰引起的设备、传输通道或系统性能的下降。电磁干扰是由电磁骚扰引起的后果。

(5) 微波辐射（microwave radiation）微波、超短波通信设备通过各种途径向周围空间辐射出的微波能量称为微波辐射。

(6) 功率密度（power density）在空间某点上电磁波的量值用单位面积上的功率表示，单位为 W/m^2，或在空间某点上坡印廷矢量的值。对微波电磁辐射，以微瓦/平方厘米（$\mu W/cm^2$）或毫瓦/平方厘米（mW/cm^2）来表示计量单位。

(7) 电磁环境（electromagnetic environment）是存在于给定场所的所有电磁现象的总和。

(8) 电磁兼容性（electromagnetic compatibility）是指设备或系统在其电磁环境中能正常工作，且不对该环境中的其他设备和系统造成不能承受的电磁骚扰的能力。

(9) 骚扰限值（limit of disturbance）对应于规定测量方法的最大电磁骚扰允许电平。

(10) 干扰限值（limit of interference）也称允许值，是电磁骚扰使装置、设备或系统最大允许的性能降低。

(11) 平均功率密度（average power density）微波入射到单位面积上的平均辐射功率，常用的计量单位为微瓦/平方厘米（$\mu W/cm^2$）或毫瓦/平方厘米（mW/cm^2）表示计量单位。

（12）电场强度单位　对长、中、短波和超短波电磁辐射，以伏/米（V/m）表示。

（13）等效辐射功率（equivalent radiation power）简称 *ERP*。

在 1000MHz 以下，等效辐射功率等于设备标称功率与对半波天线而言的天线增益的乘积。

在 1000MHz 以上，等效辐射功率等于设备标称功率与全向天线增益的乘积。

（14）比吸收率（specific absorption rate）简称 *SAR*。指生物体每单位质量所吸收的电磁辐射功率，即吸收剂量率。

（15）热效应（thermal effect）指吸收电磁辐射能后，组织或系统产生的直接与热作用有关的变化。

（16）非热效应（non‑thermal effect）指吸收电磁辐射能后，组织或系统产生的与直接热作用没有关系的变化。

第二节　辐射干扰传输通道

辐射可以由一个电路或者一个设备把电磁能量传输给另一个电路或者设备。这种传输通道可以是大距离，也可以小到系统内部难以想象的极小距离。

这里讲的大距离是指远区场，即辐射场。这种辐射干扰源通常以辐射场的形式被接收器所接收。辐射电磁波的传播特性和规律应服从于无线电波的传播特性和规律。

依据电波传播理论，电波传播取决于两方面的因素：一方面是电磁波自身的特性，如电磁波的频率、波长、方向、极化等；另一方面是传输通道的介质特性，如传输通道的传输介质是自由空间、地面、海洋、山林等。不同频率的电磁波在不同介质中传输的方式是绝对不同的。

一、无线电波频段的划分

对于电磁波频段的划分，国标《环境电磁波卫生标准》GB 9175‑88 作了如下规定：

长波：指频率为 30~300kHz，相应波长为 10~1km 范围内的电磁波。有时也称之为地波，这是因为这个波段的电波传播主要是沿地球表面绕射传播。

中波：指频率为 300kHz~3MHz，相应波长为 1km~100m 范围内的电磁波。这个波段的电波传播主要沿着地球表面绕射传播和经电离层反射传播。

短波：指频率为 3~30MHz，相应波长为 100~10m 范围内的电磁波。有时也称为天波，这是因为这个波段的电波传播主要是由电离层反射传播，其次沿着地球表面绕射传播。

超短波：指频率为 30~300MHz，相应波长为 10~1m 范围内的电磁波。这个波段的电波传播主要是在自由空间做直线式传播，其次是沿着地球表面绕射传播和经电离层反射传播。

微波：指频率为 300MHz~300GHz，相应波长为 1m~1mm 范围内的电磁波，这个波段的电波传播主要是在自由空间做直线式传播，其他形式的传播将消失。

混合波：指长、中、短波、超短波和微波中有两种或两种以上波段混合在一起的电磁波。

二、无线电波频谱图

无线电波频谱图如图 1‑1 所示。

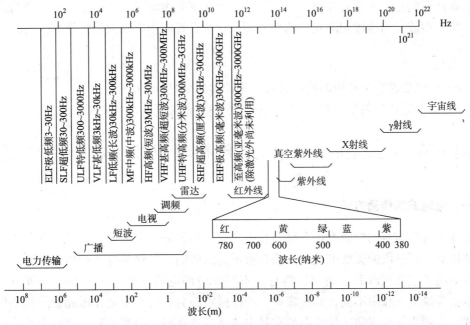

图 1-1 无线电波频谱图

（一）无线电波频谱图划分说明

1. 对于某些特定的频段或信道，各地区之间的使用可能会有所不同，在区域划分的框架下，各个频段频率分配由各个国家有关频谱机构给出，我国负责无线电频谱资源管理的机构是国家无线电频谱管理委员会。表 1-1 给出的各个频段的划分、传输特性及其主要用途，是频段划分使用的实例。图 1-1 所示的电磁波谱图依据国家标准《环境电磁波卫生标准》GB 9175-88 中有关电磁波频率划分和其他关于频谱分配资料整理而成。

2. 在电磁波频谱中，波长为 380 纳米（符号 nm，即纳米，$1 nm = 10^{-9} m$）到 780nm 的电磁波，作用于人眼的视觉器官能使人产生视觉，这部分电磁波叫做可见光。波长比 380nm 长一些的一小段可见光为紫光，因此把比 380nm 波长短一些的看不见的电磁波叫做紫外线波段。波长比 780nm 短一些的一小段可见光为红光，因此把比 780nm 波长长一些的看不见的电磁波叫做红外线波段。这两个波段的电磁波虽然不能引起人的视觉，但它们的一些重要特性与可见光相似，它们和可见光一样是由原子和分子的电振动产生的，故通常把紫外线、可见光、红外线放在一起作为光来研究。

（二）电磁波传播速度

所有的电磁波在真空中传播时，具有相同的传播速度，都等于波长和频率的乘积，即

$$c = \lambda f \quad \text{或} \quad \lambda = cT \left(\text{因为} \ T = \frac{1}{f}, \ \text{所以} \ \lambda = \frac{c}{f} \right) \tag{1-1}$$

式中 c——电磁波在真空中的传播速度，$c = 2.997925 \times 10^8$ 米/秒（m/s）$\approx 3 \times 10^8$ 米/秒（m/s）；

λ——波长，单位为（m）；

f——频率，单位为（Hz）；

T——电磁波的变化周期（s）。

值得注意的是，电磁波在媒质中传播时，其频率是由辐射源决定的，它不随媒质的变化而变化，但波长与速度则随媒质的变化而变化。在媒质中电磁波的传播速度为：

$$\nu = \frac{\lambda \cdot f}{n} \qquad (1-2)$$

式中　ν——电磁波在媒质中的传播速度、单位为米/秒（m/s）；

　　　n——媒质的折射率，相关物质的折射率参见相关资料，本文略。

第三节　电磁波的传播方式、传播特性及各频段的主要用途

一、电磁波的传播方式

传播无线电信号的媒质有许多种，其中主要有地表面、对流层、电离层等，这些媒质的电特性对不同频段的无线电波的传播有着不同的影响。电磁波有多种传播方式，传播方式主要取决于电波频段和空间媒质特性，不同频段的电波在媒质中传播的物理过程不一样。也就是说电波频率不同，其在媒质中的传播特性会有很大变化，因此会采用不同的传播方式。大地为导电媒质，无线电波在其中传播会有衰减，频率越高，衰减越大，因此中波以下波段主要为地波传播，其他波段的无线电波的波衰减很大，不可能传播到很远的地方。短波可以被电离层反射，主要采用天波传播。超短波、微波和毫米波可以穿透电离层，主要的传播方式为空间波传播和外层空间传播。

根据电波在媒质中传播的物理过程的不同，可将电波的传播方式分为 5 种分别如图 1-2 所示。

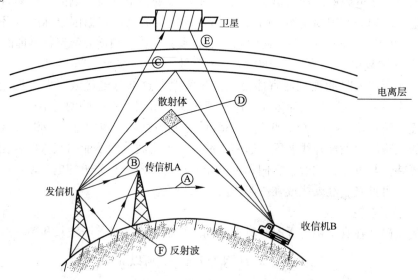

图 1-2　几种主要的电波传播方式

Ⓐ 地波传输；Ⓑ 空间波传播（注）；Ⓒ 天波传播（电离层反射波）；

Ⓓ 散射传播；Ⓔ 外层空间传播

注：发信机天线直接射向接收机（传信机）天线的电波称为直射波或视距波，沿路径Ⓕ的电波称为反射波。一般收信机天线接收到的电波是由直射波和大地反射波合成的，在特殊情况下也有时混有一些地面波。这些电波统称为空间波。

　　①地波传播为无线电波沿着地球表面传播的传播方式；

　　②空间波传播（也称视距传播）为电波直接从发射天线传播至接收点的传播方式。当收发天线都在地面上架设时，由于架设的高度与波长比很高，因此地波传播可以忽略。在接收点除了直射波之外，还有地面反射波，因此接收点的场强为直射波和反射波场强之和；

　　③天波传播（电离层反射传播）为无线电波经电离层反射后到达接收点的一种传播方式；

　　④外层空间传播　传播的空间主要是在外大气层或行星际空间，并且是以宇宙飞船、人造地球卫星或星体为对象，在地—空或空—空之间的传播；

　　⑤散播传播是利用对流层中或电离层中介质的不均匀性对电波的散射作用进行的传播方式。由于散射传播应用得比较少，本书不作叙述。

二、电磁波传播特性及主要用途

　　电磁波频段划分名称、传播特性及主要用途如表 1 – 1 所示。

电磁波各频段划分名称、传播特性及主要用途　　　　　　　　　　表 1 – 1

频段		频率	波长	波段	传播模式	典型应用	主要用途
极低频	ELF	3 ~ 30Hz（含上限不含下限）	> 10^4 km	极长波	地下与海水传播；地 - 电离层谐振、波导；地磁力线的哨声传播；地波为主	地质结构探测；电离层与磁层研究；对潜通信；地震电磁辐射前兆检测	海岸潜艇通信；远距离通信；超远距离导航
超低频	SLF	30 ~ 300Hz（含上限不含下限）	10^3 ~ 10^4 km	超长波	地下与海水传播；地 - 电离层波导；地 - 电离层谐振；沿地磁力线的哨声传播，地波为主	对潜通信，地下通信；极稳定的全球通信；地下遥感，电离层与磁层研究	在 3kHz 左右频段为 TM 波导模的截止频段，不利于远距离传播
特低频	ULF	300 ~ 3000Hz（含上限不含下限）	10^2 ~ 10^3 km	特长波			
甚低频	VLF	3 ~ 30kHz	10 ~ 100km	甚长波	地下与海水传播；地 - 电离层波导；沿地磁力线的哨声传播，地波为主	超远程及水下相位差导航系统，全球电报通信及对潜指挥通信，时间频率标准传递，地质探测	海岸潜艇通信；远距离通信；超远距离导航
低频	LF	30 ~ 300kHz	1 ~ 10km	长波（lw）	地表面波；天波；地 - 电离层波导，地波为主	远程脉冲相位差导航系统；时频标准传递；远程通信广播	越洋通信；中距离通信；地下岩层通信；远距离导航
中频	MF	300 ~ 3000kHz	100 ~ 1000m	中波（mw）	地表面波；天波	广播，通信，导航	船用通信；业余无线电通信；移动通信；中距离导航

频段		频率	波长	波段	传播模式	典型应用	主要用途
高频	HF	3~30MHz	10~100m	短波（sw）	地表面波；天波；电离层波导传播；散射波，天波与地波	远距离通信广播，超视距天波及地波雷达，超视距地-空通信	远距离短波通信；国际定点通信
甚高频	VHF	30~300MHz	1~10m	超短波（metric wave）	空间波（直接波、地面和对流层的反射波；对流层折射及超折射波导；散射波）	语音广播，移动通信，接力通信，航空导航信标	电离层散射（30~60MHz）；流星余迹通信；人造电离层通信（30~144MHz）；对空间飞行体通信；移动通信
分米波	UHF	300~3000MHz	10~100cm（0.1~1m）	特高频（微波）	空间波（直接波、地面和对流层的反射波；对流层折射及超折射波导；散射波）	电视广播，飞机导航，警戒雷达；卫星导航；卫星跟踪、数传及指令网，蜂窝无线电通信	小容量微波中继通信（352~420MHz）；对流层散射通信（700~10000MHz）；中容量微波通信（1700~2400MHz）
厘米波	SHF	3~30GHz	1~10cm	超高频（微波）	空间波直接波、地面和对流层的反射波；对流层折射及超折射波导；散射波	多路语音与电视信道，雷达，卫星遥感，固定及移动卫星信道	大容量微波中继通信（3600~4200MHz）、（5850~8500MHz）；数字通信；卫星通信；国际海事
毫米波	EHF	30~300GHz	1~10mm	极高频（微波）	空间波（直接波）	短路径通信，雷达，卫星遥感	再入大气层时的通信；波导通信；短路径通信、雷达卫星遥感
亚毫米波（sub-mm）		300~3000GHz	0.1~1mm	至高频	空间波（直接波）	短路径通信，雷达	除激光外，目前尚未利用

第二章　电磁场与电磁辐射的基本理论

第一节　场

场是物质的一种存在形式，物质存在有两种基本形式，一种是实体（由分子等粒子组成），另一种就是场，包括电场、磁场等。场是客观存在的，是一种特殊的物质。场客观存在的证明是它有力、能的特性，例如重力场对有质量的物体有力的作用，且可对物体做功，说明这具有能量。因此，场是一种客观存在，是物质存在的一种形式。

第二节　电　　场

一、电场的基本特性

（一）电场是电荷存在时周围空间的基本属性

电荷之间的相互作用是通过电场发生的。只要有电荷存在，电荷的周围就存在着电场。电场的基本特性是对静止或运动的电荷有作用力。人们规定正电荷受力方向与场强的方向相同，负电荷受力方向与场强的方向相反。

（二）电场分为库仑电场和感生电场

1. 库仑电场是电荷按库仑定律激发的电场，例如静电场是由静止的电荷按库仑定律激发的，就属于库仑电场。在各种带电体周围都可以发现这种电场；

2. 感生电场是由变化磁场激发的电场，又称涡旋电场。按照麦克斯韦理论，电磁感应的实质是变化的磁场在其周围激发了电场。例如条形磁铁插入线圈时，运动的磁铁使周围的磁场发生变化，进而产生涡旋电场，涡旋电场使线圈中产生感生电动势，这种电场就是感生电场。

两种电场有其共同特点，但也存在着重要区别。两种电场的性质异同如下：

1）库仑电场是有源无旋场，无旋性是它的一个重要特性，无旋性的积分形式是电场沿任意闭合回路的环量等于零；感生电场是涡旋场，有旋无源，无源性决定了电场线的连续闭合性。所以静电场中的电场线起于正电荷，止于负电荷，是不闭合的；而磁场变化激发的电场的电场线是闭合的；

2）感生电场是涡旋场，在库仑电场中移动电荷时，电场力做的功与路径无关，这和重力场中重力做功与路径无关一样，所以可以引入电势的概念来描述静电场；由于感生电场是涡旋场、非电位场，电场力做功与路径有关，故不能引入电势的概念。

上面谈到带电物体是由于物体上呈现有电荷。那么物体上的电荷又是从哪里来的呢？电荷本来是存在于一切物体之中的，一般情况下只不过正、负电荷的作用正好互相抵消，人们察觉不到它们的存在。一旦用一个带电体靠近另一个物体时，带电体所产生的电场将迫使另一物体内的正、负电荷发生分离。也就是说电荷是由于电场的作用才显示出来的。

只要有电荷，就必然有电场。

（三）电场中的电介质

电介质分为无极分子电介质和有极分子电介质两类。当外电场不存在时，电介质分子的正、负电荷的中心重合，称为无极分子电介质。当外电场不存在时，电介质分子的正、负电荷中心不重合并形成电偶极子，由电偶极子组成的电介质称为有极分子电介质。

1. 由无极分子组成的电介质，在外电场作用下，分子的正、负电荷中心发生位移，形成电偶极子。这些电偶极子沿着外电场的方向，排列起来，从而使电介质的表面上出现了正、负束缚电荷，这种现象称为无极分子的极化现象；

2. 由有极分子组成的电介质中，虽然每个分子都有一定的等效电矩，但在没有外电场情况下，电矩排列杂乱无章，致使电介质呈电中性；当有外电场作用时，由于分子受到力矩的作用，使分子电矩沿外电场方向有规则排列起来。外电场愈大，分子偶极子排列愈整齐，电介质表面所出现的束缚电荷就愈多，电极化程度就愈高。有极分子在外电场方向上有规则地排列起来的现象，称为有极分子的极化现象。

二、电场强度

描述电场基本特性的物理量，称为电场强度。电场的基本特性是能使其中的电荷受到作用力，放在电场中某一点的静止试验电荷所受的力与其电量的比值定义为该点的电场强度。

电场强度是单位电荷在电场中某点所受到的电场作用力。实际上在电场力的作用下电荷的运动过程，就是电场对电荷做功的过程。它是一个矢量，具有方向性。工程设计中常用的单位为：V/m，mV/m，$\mu V/m$。$1V = 1000mV$；$1mV = 1000\mu V$。

第三节　磁场、磁感应强度

一、磁场

（一）磁场的产生

有磁力作用的物质空间，就是磁场。它和电场一样，也是物质表现的一种特殊形态。人们发现，不仅磁铁能产生磁场，有电流通过的导体或导线附近，也存在磁场。一切磁现象都起源于电流或运动电荷。

如果导体中流过的是直流电流，那么磁场是恒定不变的；如果导体中流过的是交流电流，那么磁场就是变化的，电流的变化频率越高，所产生的磁场变化频率也就越高。而且，变化的电流会产生磁场，而变化的磁场又可以产生电场，这就是著名的电磁感应定律的最初内容，即电生磁与磁生电。

（二）磁场的定义

磁场的定义可以分为两种：

1. 第一种是简易的定义，即对磁针或运动电荷具有磁力作用的空间称为磁场。磁场是一种特殊的物质，磁体周围存在磁场，磁体间的相互作用就是以磁场作为媒介的；

2. 第二种是复杂的定义，即电流、运动电荷、磁体或变化电场周围空间存在的一种特殊形态的物质。

由于磁体的磁性来源于电流，电流是电荷的运动，因而概括地说，磁场是运动电荷或变化电场产生的。磁场的基本特征是能对其中的运动电荷施加作用力，磁场对电流、磁体的作用力或力矩皆源于此。

二、磁感应强度

磁感应强度是描述磁场强弱和方向的基本物理量。与电场强度类似，磁场中通过导线要受到磁场力的作用。实验结果表明，在垂直磁场某一处放置的通电导线所受的磁场力与通过导线的电流和导线长度成正比。对于确定的磁场中某一位置来说，磁感应强度是由磁场自身决定的。磁感应强度是一个矢量，它的方向就是该点的磁场方向，它的单位是特斯拉（T）。

在磁场中，磁感应强度可以用磁力线来形象描述：磁力线的疏密表示磁感应强度的大小，磁力线密的地方磁感应强度大，磁力线疏的地方磁感应强度小；磁力线上某点的切线方向即该点的磁感应强度的方向。

三、电场与磁场的关系

（一）空间的电荷会在其周围产生一种看不见的物质，该物质对处于其中的任何其他电荷都有作用力，该物质称为电场，其强度、方向用电场强度矢量 E 表示。电场强度 E 是以电荷为中心点、呈发散状态分布的，电荷是电场的散度源。静态分布电荷产生不随时间变化的静电场，时变分布电荷产生时变电场。

空间的运动电荷形成空间的电流，它除了产生电场之外，还会在其周围产生另一种看不见的物质，称为磁场，其强度、方向用磁场强度矢量 H 表示。磁场对处于其中的任何其他电流都有磁作用力。磁场强度 H 是以电流为中心轴、呈旋涡环绕状态分布的，电流是磁场的旋涡源。恒定分布电流产生不随时间变化的静磁场，时变分布电流产生时变磁场。变化的电场与变化的磁场的相位关系如图 2-1 所示。

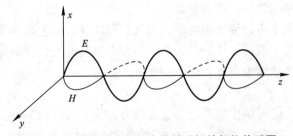

图 2-1　变化的电场与变化的磁场的相位关系图

（二）静电场、静磁场可以分别独立地存在。实验及理论研究证明，时变电场可产生磁场，时变磁场可产生电场，二者相互关联，形成不可分割的时变电磁场。电场、磁场都是物质的一种形态，它们具有自己的运动规律，并且和实物（由原子、分子等组成的物质）一样具有能量、动量等属性。

（三）静电场与恒磁场的性质颇为不同。静电场为有源无旋场，点电荷是场的源，其散度不为零，不存在闭合的电场线，总是始于正电荷而终止于负电荷；而恒磁场为有旋无源场、不存在磁荷，其散度为零，存在闭合的磁场线，没有发出磁场线的源，也不存在会聚磁场线的尾。

四、电磁场与电磁辐射

（一）电磁场

1. 由电磁感应定律可知：变化的电场会激起变化的磁场，而变化的磁场又可以产生变化的电场，而这种电现象与磁现象紧紧地联系在一起，交替产生的具有电场与磁场作用的物质空间，称为电磁场。也就是说，如果电荷之间发生相对运动或电荷改变大小，则它们产生的电场就要改变，同时也产生了变化的磁场，这变化着的磁场将引起新的变化的电场，这两种变化的场——电场与磁场是相互关联的电磁现象，并在其周围产生各种效应，此种现象称为电磁场。

2. 任何交流电路都会向其周围的空间放射电磁能，形成交变电磁场。电磁场的频率与交流电的频率相同。

3. 电场（代表符号为 E）和磁场（代表符号为 H）是这样存在的：有了移动的变化磁场，同时就产生电场，而变化的电场也同时产生磁场，两者相互作用、互相垂直，并与自己的运动方向垂直。

4. 一同存在于某一特定空间的静止电场和静止磁场，不能叫做电磁场。在这种情况下，电场与磁场各自独立地发生作用，两者之间没有关系。人们通常所称的电磁场，始终是交变的电场与交变的磁场的组合，彼此间相互作用，相互维持。这种相互联系，说明了电磁场能在空间里运动的原理。电场的变化，会在导体及电场周围的空间产生磁场。由于电场在不停地变化着，因而产生的磁场也必然不停地变化着。这样变化的磁场又在它自己的周围空间里，产生新的电场。

（二）电磁辐射

变化的电场与磁场交替地产生，由近及远，互相垂直，并与自己的运动方向垂直的以一定速度在空间内传播的过程，称为电磁辐射，亦称为电磁波。

无线电波是在空间里进行传播的电波。当人们利用发射机把高频率电流输送到发射天线上，电流就会在天线中振荡，从而在天线的周围产生高速度变化的电磁波。这种电波可叫无线电波，它的传播速度为光速，即 3×10^8 m/s。

（三）磁场强度

磁场强度在本质上是磁场作用于运动电荷的力，其关系式如下：

$$H = \frac{B}{\mu} \ (A/m) \tag{2-1}$$

式中　B——磁感应强度；

　　　μ——磁导常数（磁导率）。

磁场强度也是一个矢量，例如在屏蔽室设计和屏蔽测试中，也可不用磁场强度这个物理量，而用空间某点（此点与干扰源的距离很远时）的电场强度来标志该点的电磁场强度，而后推算出该点的磁场强度。

（四）射频电磁场

1. 交流电的频率达到每秒钟 10 万次以上时，它的周围便形成了高频率的电场和磁场，这就是人们常说的射频电磁场，而一般将每秒钟振荡 10 万次（10 万次/s）以上的交流电，又称为高频电流或射频电流。

实践中，射频电磁场或射频电磁波的表示单位可用波长（λ）——毫米（mm）、厘米（cm）、米（m）；也可用振荡频率（f）——赫兹（Hz）、千赫兹（kHz）、兆赫兹（MHz）。

2. 由电子、电气设备工作过程中所造成的电磁辐射为非电离辐射而不是电离辐射。非电离辐射的量子所携带的能量较小，如微波频段的量子能量也只有 $4 \times 10^{-4} \sim 1.2 \times 10^{-6}$ eV（电子伏特），不足以破坏分子使分子电离。因此，电磁辐射具有粒子性稳定，波动性显著等特点。

3. 任何射频电磁场的发生源周围均有两个作用场存在着，即以感应为主的近区场（又称感应场）和以辐射为主的远区场（又称辐射场）。它们的相对划分界限为一个波长。

第四节　电　磁　波

一、电磁波的传播

如前所述当交变电流的频率达到很高时，它在其周围形成了高频的电场和磁场，这就是高频电磁场，以每秒内振荡 10 万次以上的交流电流称为高频电流。高频电流在空间某区域中产生变化的磁场和变化的电场时，在邻近区域又感应产生变化的电场和变化的磁场，再在较近区域中又产生变化的磁场和变化的电场。这种循环变化的电场和磁场交替产生，由近及远以波的形式向前传播，这种现象称为电磁波。

电磁波不仅会在导体周围产生电磁场，而且会向空间辐射。从科学的角度来说，电磁波是能量的一种载体，凡是能够释放出能量的物体，都会释放出电磁波。

由麦克斯韦电磁理论可知，任何变化的电场都要在周围空间产生磁场。振荡电场在周围空间产生同样频率的振荡磁场；振荡磁场在周围空间产生同样频率的振荡电场。

电磁波也是电磁场的一种运动形态。电与磁可说是物体的两面，变化的电场和变化的磁场构成了一个不可分离的统一的场，这个场就是电磁场，而变化的电磁场在空间的传播形成了电磁波，电磁波的变化就如同水面上丢下一个石头，水面出现后浪推前浪的波形一样，因此被称为电磁波，也常简称为电波。前面所述电场与磁场关联交互的存在，就是电磁波的传播。电磁波的传播如图 2-2 所示。

二、电磁波的分类及特性

（一）电磁波的类型

在电磁波的范围内以波阵面形状分类。所谓波阵面就是波在传播过程中，所能到达的各点在空间连成的面，称为波阵面，主要有以下三种波型：

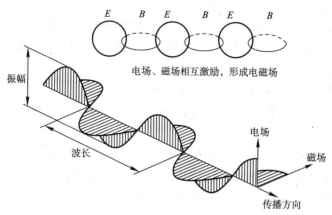

图 2-2 电磁波的传播

1. 平面波

波阵面为平面的波，称为平面波，如图 2-3 所示。实际上任何一个点源发射的波都是球面波。因此，真正的平面波是没有的，但是，在离发射源较远的地方可以看作平面波。了解平面波的意义及传播规律对电磁兼容的设计极为重要。从发射天线的角度来看，电磁波是向四周辐射的，自然是一个球面波。但是，从离发射天线较远处的有限范围内（即半径极大的球面波的一小块），电磁波就近似平面波了，通常在离发射源较远处，电磁波可以看成平面波。这样，有利于简化电磁波防护效能的计算。

2. 球面波

波阵面为球面的波，称为球面波，如图 2-4 所示。对发射源比较集中的局部电磁波，例如高频电炉附近的电磁波可视为球面波。

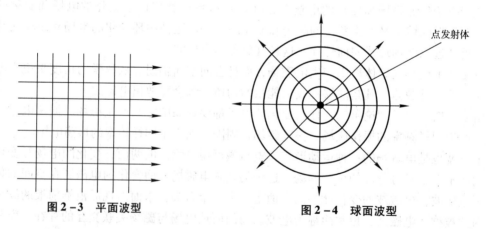

图 2-3 平面波型　　　　　图 2-4 球面波型

3. 柱面波

波阵面为柱面的波，称为柱面波，如图 2-5 所示。一般线形发射体（如同轴电缆）中的电磁波则为柱面波。柱面波是一个很长的均匀的带电细线，在其轴向振荡而产生垂直于轴方向所传播的波。在

图 2-5 柱面波型

$r \gg \lambda$（λ——波长，r——距离）的场合，柱面波也可近似地看成平面波。

不论何种类型的波型，波的传播方向与波阵面均为互相垂直的。事实上由电偶极子及各种天线辐射出去的电磁波均为球面波，只是在远离辐射中心的一个小范围内，可以近似地看成平面波。这就是在后面叙述的相关的场的效能计算中运用平面波推导出计算公式的基本依据。

（二）电磁波的特性

电磁波的性质和光波的性质一样，波速接近于光速，即 $c = 3 \times 10^5 \text{km/s}$。设电磁波的波长为 λ（m），周期为 T（s），速度为 c（km/s），则：

$$\lambda = cT \tag{2-2}$$

因为 $T = \dfrac{1}{f}$，所以 $\lambda = \dfrac{c}{f}$。

式中　f——频率（Hz）；

　　　c——光速（km/s）。

由于电磁波具有能量，所以随着电磁波的传播伴有能量的传播。以电磁波的形式辐射出来的能量称为辐射能。这个能源通常称为干扰源。辐射能是电场强度和磁场强度的函数，辐射能量的传播方向就是电磁波传播的方向。

（三）微波的特性

微波是指波长范围约从 1m～1mm 的电磁波（从 1～0.1mm 为亚毫米波，是光波的下限值，除激光外尚未利用）。但这个范围的界限还是不精确的。微波的反射、折射、绕射、散射、吸收等作用比短波显著得多，微波的性质介于普通无线电波和光波之间，而且更接近于光波，它有明显的方向性。

三、平面电磁波的传播与特性

（一）平面电磁波的传播

在自然界中，实际存在着电场和磁场，而电场和磁场是密切相关的。变化着的电场可以产生磁场，变化着的磁场又能产生电场，这种相互关联的电磁现象会在其周围产生各种效应。交变的电场产生交变的磁场，而交变的磁场又产生交变的电场。以此类推，由近及远向外传播的过程就是一切电磁波传播的过程。

电磁波传播的方式分为：地波、天波和空间波三种。

地波：是沿地球表面传播的无线电波，地波是长、中波的主要传播方式。

天波：是靠电离层的反射来传播无线电波，天波是短波的主要传播方式。

空间波：是沿直线方向传播的无线电波，空间波是超短波（微波）的主要传播方式。

（二）平面电磁波传播特性

如前所述，无线电波（波长从 0.1mm～30km）自天线辐射出来，沿特定方向扩散到相当远的距离之后，可以认为是平面波型。了解平面波的传播对电磁兼容干扰场强的计算是极为重要的。

平面波是电磁波的波阵面是一个平面，沿 x 轴方向传播的平面波如图 2-6（a）所示。电场和磁场的向量在平行于 yoz 的一个平面上，各点电位相等，以光速沿着 x 轴向 x 轴正方向传播，此波充满着整个空间。图中只画出了一个截面，电场和磁场是相互垂直的，它在整个平面上的大小和方向都是一致的。图 2－6（b）、（c）表示一正弦波的图形，此波沿 x 轴正方向前进，向量 E（电场）或 H（磁场）的每一箭头代表它所在的平面内的电场或磁场强度，每一个向量长度代表场强大小，沿 x 轴作正弦变化。

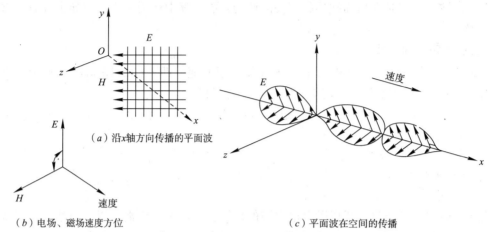

（a）沿 x 轴方向传播的平面波

（b）电场、磁场速度方位

（c）平面波在空间的传播

图 2－6 电场、磁场、速度方位及平面波在空间的传播

（三）波阻抗

波阻抗的特性对电磁兼容场强的计算影响很大，了解波阻抗的物理意义对电磁兼容场强的计算也是很重要的。

波阻抗就是某点 E（电场强度）的直波和 H（磁场强度）的直波的比值，以及 E 的回波和 H 的回波的比值，其绝对值 $Z = \sqrt{\dfrac{\mu}{\varepsilon}}$。在一般情况下 E 和 H 是不同相位的，故波阻抗是一个复数，但在自由空间中平面电磁波的波阻抗为一纯电阻，而且其在数值上永远等于：

$$Z_0 = \sqrt{\frac{\mu_0}{\varepsilon_0}} = \sqrt{\frac{4\pi \times 10^{-7}}{\frac{1}{36\pi} \times 10^{-9}}} = 120\pi\,\Omega \approx 377\,\Omega \tag{2－3}$$

式中 Z_0——表征真空介质特性阻抗；

μ_0——表征真空磁导率；

ε_0——表征真空介电常数。

在远区场以辐射形式存在，$E = \sqrt{\dfrac{\mu_0}{\varepsilon_0}} H = 120\pi H \approx 377H$，即在远区场时 $\dfrac{E}{H} = Z_0$。在电场中时，电场分量很大，磁场分量很小，波阻抗则高于 $377\,\Omega$；在磁场中时，磁场分量很大，电场分量很小，波阻抗则低于 $377\,\Omega$。

四、电磁波的极化及其在各波段中的应用

（一）极化的定义及分类

极化是指平面波的电场强度矢量 E 在空间某一定点的方向变化情况。无论是在抑制电磁波的传播中，还是在工业企业及民用智能建筑电磁兼容性设计中，或在电磁兼容性试验中都会遇到电磁波的极化问题。

时变电磁场的电场矢量、磁场矢量的大小和方向都随时间的变化而不断变化。常以电场矢量的端点在空间任意固定点处，将电场矢量随时间的变化而变化的规律称为电磁波的极化方式。它既可能是随机的，也可能是周期性的。时谐电磁场的极化具有周期性，可以按电场强度矢量矢端的周期运动轨迹形状将极化分为线极化、圆极化和椭圆极化三种：

1. 线极化

在任意固定点处，如图 2-7（a）所示，这种电磁波称为线极化电磁波。通常以地面为参考面，将电场矢量始终垂直于地面的线极化波称为垂直极化波，将电场矢量始终平行于地面的线极化波称为水平极化波。实际上，线极化波可以分解为两个相互垂直、同相变化的线极化波的组合。$E = E_1 + E_2$，E_1、E_2 分别是沿直线一、直线二方向的线极化波，二者的幅度同时达到最大、同时为零，使得 E 始终沿直线运动。

2. 圆极化

如果空间任意固定点处的电场矢量幅度保持不变，其方向绕一个圆周连续、匀速的变化，则称为圆极化电磁波。实际上，圆极化波可以看做两个相互垂直、振幅相等、相位相差 90° 的线极化波的组合，如图 2-7（b）所示，$E = E_1 + E_2$，E_1、E_2 分别是沿直线一、直线二方向的线极化波。圆极化波的旋向是从 E_1 转向 E_2 的方向，如图 2-7（b）的左图所示。若 E_1 相位滞后于 E_2 90°，圆极化波的旋向逆转，如图 2-7（b）右图所示。若传播方向垂直纸面向外的方向，左图为左旋极化波，右图为右旋极化波。

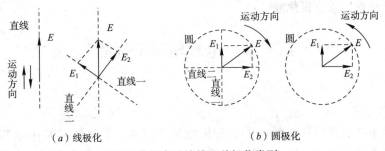

（a）线极化　　　　　　　　　（b）圆极化

图 2-7　电磁波的二种极化类型

3. 椭圆极化

椭圆极化波也可以看做两个相互垂直的线极化波的组合，但其幅度、相位的关系不满足特定值。椭圆极化波也可以分为左旋、右旋两种，判断方法与圆极化波相同。

（二）电磁波极化特性的应用

1. 电磁波极化特性

极化是电磁波的重要性质，具有非常重要的工程意义。电磁波的极化类型由辐射天线决定。结构细长的线天线在最大辐射方向上的辐射场是与天线本身平行的线极化波，如图 2-8 所示。

2. 水平、垂直极化波的应用

1）中波调幅广播一般采用垂直于地面的线天线，辐射垂直极化波；

2）短波调幅广播、中波调频广播及电视一般采用水平线天线，辐射水平极化波；

3）两个完全相同、垂直放置、馈电电流等幅、相位差 90° 的线天线构成圆极化天线，可辐射圆极化波；

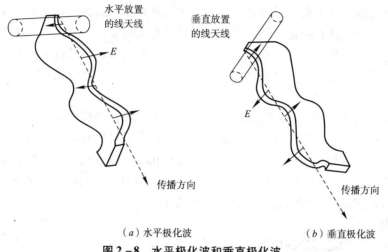

图 2 - 8 水平极化波和垂直极化波

4）其他类型的圆极化天线。根据辐射波的旋向可将圆极化天线分为右旋圆极化天线和左旋圆极化天线；

5）电磁波的极化类型也影响到电磁波的传播效率。例如，地面为导电媒质，对平行于地面的水平线极化波衰减就较大。因此，采用地波传播方式、沿地面传播电磁波时，就应采用垂直于地面的垂直极化波。

第五节　电磁辐射干扰源

一、概述

电磁辐射由空间共同移送的电能量和磁能量所组成，而该能量是由电荷移动所产生的。也可以说能量以电磁波形式由源发射到空间的现象，或解释为能量以电磁波形式在空间传播。

电磁辐射这个术语本身是具有"双重性"：过量的电磁辐射会造成电磁污染，目前电子产品充斥市场，环境空间中的电磁辐射无处不在，办公、家庭摆满了的各式电子产品成为辐射源。但若将其强度限定在某些规定的阈值范围内，又有有益的效应，如医疗应用等。

二、辐射干扰

这里的辐射干扰指的是辐射耦合干扰，也就是电磁能量以电磁波的形式在空间传播，然后通过接收体耦合到电路中形成干扰的一个能量传递过程，即通过电磁辐射途径造成的干扰耦合称为耦合干扰。辐射耦合以电磁波的形式将能量从一个电路传输到另一个电路，这种传输路径小至系统内可想象的极小距离，大到星际间的通信距离。极小距离可以看成是近场耦合模式，而对于大距离的两系统之间一般是远场耦合模式，这种耦合除了直接耦合外，甚至还可能是通过电离层和对流层的传播或通过山峰及高大建筑传达的情况。

三、电磁干扰源的分类

电磁干扰源的分类可以有许多种分法，例如：

按传播途径来分：有传导干扰和辐射干扰，其中传导干扰的传输性质有电耦合、磁耦合及电磁耦合；

按辐射干扰的传输性质来分：有近场区感应耦合和远场区辐射耦合；

按干扰频率范围来分：可分为多种，如表 2 - 1 所示；

按实施干扰者的主观意向来分，分为有意干扰源和无意干扰源；

按干扰源性质来分：有自然干扰和人为干扰。

还可以有其他分类方法。本书按干扰频率范围和干扰源性质这两种分法来叙述干扰源分类。

（一）按干扰频率范围划分干扰源

当按频率范围划分可以细分为以下几种，如表 2 - 1 所示。

按干扰频率范围分类　　　　　　　　　　　　　表 2 - 1

电磁干扰源的分类	频率范围	典型电磁干扰源
工频干扰源	50Hz 及其谐波	输电线，电力牵引系统
甚低频干扰源	3～30kHz	雷电、海潜、超远导航等
载频干扰源	10kHz～300kHz	高压直流输电高次谐波，交流输电及电气铁路高次谐波
音频干扰源	150Hz～100MHz	有线广播
射频、视频干扰源	几万 Hz～几十 GHz	工业、科学、医疗高频设备，电动机，照明电气，宇宙干扰
微波干扰源	300MHz～3GHz	微波炉
	300MHz～100GHz	微波接力通信，卫星通信
	30MHz～3GHz	移动通信（包括手机等）
工业干扰源	0.1MHz～10MHz	电晕放电等

（二）自然型干扰源和人工型干扰源

按干扰源性质可分成自然型干扰源和人工型干扰源两类。

1. 自然型电磁场源干扰源分类

自然型电磁场源来自于自然界，是由自然界某些自然现象所引起的。在自然型电磁场源中，以天电所产生的电磁辐射最为突出。由于自然界发生某些变化，常常在大气层中引起电荷的电离，发生电荷的蓄积，当达到一定程度后引起火花放电，火花放电频带很宽，它可以从几千 Hz 一直到几百 MHz，乃至更高频率。自然电磁辐射主要有三类：大气与空电杂波、太阳杂波、宇宙电磁杂波等。由于自然型电磁辐射干扰人们很难控制，故本文不作叙述。

2. 人工型电磁场源干扰分类

人工型电磁辐射源指人工制造的各种电子、电气系统、电子设备与电气装置形成的干扰源。人工型电磁场源按频率不同又可分为工频场源与射频场源。工频杂波场源中，以大功率高电压输电线路所产生的电磁污染为主，同时也包括若干种放电型场源。射频场源主要指由于无线电设备或射频设备工作过程中所产生的电磁感应与电磁辐射。如表 2 - 2 所示。

人工型电磁场源的类型　　　　　　　　　　　　　　表 2 - 2

干扰源类别		设备名称	放电（干扰）类型	干扰源与部件
人工型电磁干扰源	无意发射干扰源	输电线路	电晕放电、工频感应场源	由高电压、大电流设备而引起静电感应、电磁感应、大地漏泄电流造成
		电气化铁路	弧光放电、工频感应场源	点火系统、发动机以及整流装置等
		车辆	火花放电	点火系统、发动机、整流装置、放电管等
		开关等接触式系统	弧光放电	各种接触类电气设备
		家电、办公自动化电器	辐射场源	微波炉、电磁灶、电热毯、电脑等以功率源为主的电器
		ISM（工、科、医）设备	射频辐射场源	工、科、医用射频设备
	有意发射干扰源	高频加热设备	射频辐射场源	高频加热装置、热合机、微波加热（微波干燥设备）
		广播	射频辐射场源	广播发射机及其他振荡与发射系统
		电视	射频辐射场源	电视发射机及其他振荡与发射系统
		通信	射频辐射场源	移动通信基站设备等，以天线源为主
		雷达	辐射场源	发射系统与振荡系统，以天线源为主
		导航	辐射场源	发射系统与振荡系统，以天线源为主

（三）无线电波频段内的典型辐射源

几种分布于无线电波频段内的典型辐射源，如表 2 - 3 所示。

几种分布于无线电波频段内的典型辐射源　　　　　　　表 2 - 3

频率	波长（λ）	干扰对象	典型辐射源
100GHz	3mm	微波	电子器件
10GHz	3cm	微波、雷达	电子器件
1GHz	30cm	雷达	电子器件、各种微粒
100MHz	3m	电视、调频无线电	电子器件、天电
10MHz	30m	短波无线电	电子器件、天电
1MHz	300m	中、短波无线电	电子器件、天电
100kHz	3000m	长波、甚长波无线电	电子器件、天电
10kHz	30km	甚长波无线电、感应加热	电子器件、天电
1kHz	300km	特长波无线电、感应加热	电子器件、天电
100Hz	3000km	电力	电机、天电
10Hz	30000km	电力	电机、天电

注：凡能引起电火花或电弧的一切设备都是干扰源。

第六节　天线基本振子、电偶极子、磁偶极子的辐射干扰场（源）

当电荷、电流随时间变化时，在其周围会激发起电磁波。在电磁波向外传播的过程中，会有部分电磁能量输送出去，这种现象称为电磁能的辐射。电磁辐射是一种客观存在的物理现象，对于无线电通信、导航和雷达而言，电磁辐射是极其重要的，需要充分地加以利用。另一方面，由于电子设备工作时产生的无意辐射或电磁泄漏，影响附近其他电子设备或系统的正常工作，则是一种有害的电磁干扰，会造成所谓的辐射耦合干扰。

叙述辐射问题时，往往从单元偶极子的辐射入手。单元偶极子是一种基本的辐射单元，也称为偶极子天线，实际的电磁波的辐射源——天线可以看成是由许多这种偶极子天线构成，而天线所产生的电磁场可以看成是这些偶极子天线所产生的电磁场的叠加。单元偶极子，分单元电偶极子和单元磁偶极子两种。下面以电偶极子和磁偶极子来叙述单元偶极子产生的电磁场及其辐射干扰场（源）。

一、天线基本振子辐射干扰场（源）公式（数学模型）

建立和完善基本振子辐射干扰源辐射场（源）公式（数学模型）是电磁干扰预测与分析的基本工作，所有的电磁辐射干扰源按它们的辐射形式都可归纳成两大类：基本型式和标准型式，基本型又分成两种：电偶极子辐射（电流源）和磁偶极子辐射（磁流源），这些理论对计算有意干扰场强和无意干扰场强都是非常重要的。

所谓数学模型，指的是对客观事物的一种抽象的模拟，它遵循事物固有的规律性，通过数学语言（数学符号、数学表达式、图形等）的形式描绘出客观事物的本质属性及其与周围事物的内在联系。应该说，通常与客观事物完全吻合的数学表达并不多见，因而实际的数学模型往往是对实际问题进行理想化假设之后所给出的数学描绘，本文在下述的数学模型式也不例外。

当应用数学方式解决下述各类物理和非物理问题时，首先可以建立数学模型，然后在此数学模型的基础上进行实际问题的理论分析，建立一个完善的数学模型乃是解决问题的关键。下面利用数学模型的表达方式叙述电偶极子和磁偶极子辐射干扰场（源）。

二、电偶极子的电磁辐射场（源）公式（数学模型）

（一）电偶极子的电磁辐射概念

电偶极子（又称电基本振子、赫兹偶极子、电流元）为一段带有高频电流，且是带有相距很近的两个量值相等而符号相反的电荷的一段很短的导线，其直径 $d \ll \Delta L$，ΔL（长度）$\ll \lambda$（波长）。在此短而细的导线上电流的振幅和相位分布是均匀的，被认为沿振子的电流的大小和相位均相同。实际中，由于在振子终端开路，电流为零，因此要实现这样的电流分布是困难的。但是对于电流分布不均匀的线天线上的一小段（电流元），其上的电流分布，可以近似认为是均匀的。

当一个中心馈电的电小线天线（短对称振子），其电流分布从中心点的最大值接近线性地变到端点的零值，相位接近同相，此短对称振子，与电基本振子具有相同的方向图，因此，有时也将其称为电基本振子或电偶极子。从图 2-9（a）所示，可以看出偶极子经传输线接于高频源上，高频源的传导电流在偶极子两端会中断，但偶极子两臂之间的位移电流与之构成了环路。将电偶极子中心置于直角坐标原点，ΔL 沿 y 轴方向安放，如图 2-9（b）所示。

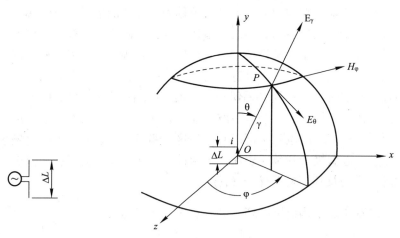

（a）电偶极子经传输线接于高频源上　　（b）电基本振子（电偶极子中心与坐标原点重合）

图 2-9　电偶极子辐射源（球面坐标制）

设电偶极子上电流作余弦（或正弦）变化，即 $I = I_m \cos\omega t$。那么，电偶极子在介电媒质中产生的电磁场（E 和 H）亦是时间的余弦（或正弦）函数。自由空间的电荷密度 ρ、传导电流密度 J_c 以及电导率 σ 均为零，按麦克斯韦方程的微分形式可表达为式（2-4）。由于电偶极子的电荷间距 $\triangle L$ 很小，所以在电偶极子所在的范围内的外电场可以看作是均匀电场。

$$\nabla \times \dot{H} = \frac{\partial \dot{D}}{\partial t} = j\omega\varepsilon \dot{E}$$

$$\nabla \times \dot{E} = -\frac{\partial \dot{B}}{\partial t} = -j\omega\mu \dot{H} \qquad (2-4)$$

$$\nabla \cdot \dot{B} = 0$$

$$\nabla \cdot \dot{D} = 0$$

式中　$\dot{H}$——磁场强度（A/m）；

$\dot{B}$——磁感应强度（T）；

$\dot{D}$——电位移矢量（Q/m²）；

$\dot{E}$——电场强度（V/m）；

$\nabla \times$——表示矢量的旋度，体现了矢量的漩涡源；

$\nabla \cdot$——表示矢量的散度，体现了矢量的散度源。

由上述方程组可解得电偶极子周围的电磁场的计算式为：

$$H_r = 0$$

$$H_\theta = 0$$

$$H_r = H_\theta = 0$$

$$H_\varphi = \frac{I_m \Delta L}{4\pi} k^2 \left[\frac{-1}{kr} \sin(\omega t - kr) + \frac{1}{(kr)^2} \cos(\omega t - kr) \right] \sin\theta$$

$$E_r = \frac{I_m \Delta L}{2\pi \omega \varepsilon_0} k^3 \left[\frac{1}{(kr)^2} \cos(\omega t - kr) + \frac{1}{(kr)^3} \sin(\omega t - kr) \right] \cos\theta \qquad (2-5)$$

$$E_\theta = \frac{I_m \Delta L}{4\pi \omega \varepsilon_0} k^3 \left[\frac{-1}{kr} \sin(\omega t - kr) + \frac{1}{(kr)^2} \cos(\omega t - kr) + \frac{1}{(kr)^3} \sin(\omega t - kr) \right] \sin\theta \quad E_\varphi = 0$$

式中　μ——磁导率，在自由空间中 $\mu = \mu_0 = 4\pi \times 10^{-7}$ H/m；

　　　ε——介电常数，在自由空间中 $\varepsilon = \varepsilon_0 = \frac{1}{36\pi} \times 10^{-9}$ F/m $= 8.8542 \times 10^{-12}$ F/m；

　$I_m \Delta L$——电偶极子的电矩（A·m）；

　　　I——电流（A）；

　　ΔL——电偶极子长度（m）；

　　　r——从坐标中心（O 点）到观察点 P 的距离（m）；

　　　k——波数，即相移常数，电磁波传播单位长度所引起的相位变化，设电磁波的波
长为 λ，则有 $k = 2\pi/\lambda$（rad/m）$= \omega \sqrt{\mu\varepsilon}$；

　　　ω——角频率，$\omega = 2\pi f$；

　　　f——频率（Hz）。

对式（2-5）进行分析可得电基本振子所产生的电磁场具有以下特点：

①电场有 E_r 和 E_θ 两个分量，磁场仅有 H_φ 分量，三个场分量相互垂直。

②电力线在子午面内（含 y 轴的平面），磁力线在赤道面内（垂直于 y 轴的平面）。

③电磁场的各分量均随 r 的增大而减少，每个分量的表达式中的不同的项随 r 的
增大而减小的速度不同。当 kr 较小（小于 1）时，$\frac{1}{kr}$ 最小，$\frac{1}{(kr)^3}$ 最大。但 $\frac{1}{kr}$ 随着 kr
的增大衰减速度最慢，所以当 kr 较大（大于 1）时，$\frac{1}{kr}$ 变为最大。

根据观察点到电偶极子的距离 r 的大小，将电偶极子的场所在的空间周围电磁场
各分量分为两个主要区域其表达式如下：

（二）近场区（感应场区）

在 $r \ll \lambda/(2\pi)$ 的区城内，$kr \ll 1$。由式（2-5）可见，电偶极子产生的场分量主要
取决于高次项，即

$$H_r = 0$$

$$H_\theta = 0$$

$$H_\varphi \approx \frac{I_m \Delta I}{4\pi r^2} \sin\theta \cos\omega t \qquad (2-6)$$

$$E_r \approx \frac{I_m \Delta L}{2\pi \omega \varepsilon r^3} \cos\theta \sin\omega t$$

$$E_\theta \approx \frac{I_m \Delta L}{4\pi\omega\varepsilon r^3}\sin\theta\sin\omega t$$

$$E_\varphi = 0$$

依据式（2-6）可得电偶极子的近区场有以下特点：

①E_r 和 E_θ 与静电场问题中电偶极子的电场相似，而 H_φ 和恒定电流元的磁场相似。因此，近区又称为似隐区，近区场又称为似隐场；

②近区场随距离 r 的增大而迅速减小，因此在离开天线较远的地方，近区场变得很小；

③电场相位滞后于磁场相位90°，因而坡印亭矢量是纯虚数，近区场每周期平均辐射的功率为零。即近区场没有能量向外辐射，能量束缚在天线的周围，这种场称为感应场。

（三）远场区（辐射场区）

在 $r \gg \lambda/(2\pi)$ 的区域内，$kr \gg 1$ 为远区。在此区域内的场分量主要取决于式（2-5）中 $1/(kr)$ 的低次项，而且 E_r 与 E_θ 相比可忽略，因此在波的传播方向上的电场分量近似为零，由此可以简化，近似的为：

$$E_\theta \approx \frac{-k^2 I_m \Delta L}{4\pi\omega\varepsilon r}\sin\theta\sin\ (\omega t - kr)$$

$$H_\varphi \approx \frac{-k I_m \Delta L}{4\pi r}\sin\theta\sin\ (\omega t - kr) \tag{2-7}$$

$$E_r \approx 0;\ H_r = H_\theta = E_\varphi = 0$$

分析式（2-7）可得远区场的特点如下：

①远区场有 E_θ 和 H_φ 两个分量，两者在时间上同相，在空间上互相垂直，并与矢径 r 方向垂直。坡印廷矢量 $S = \frac{1}{2}E \times H^*$ 是纯实数，方向为矢径 r 的方向。可见，电基本振子在远区的场是一沿着径向向外传播的横电磁波。电磁能量离开场源向空间辐射，不再返回，这种场称为辐射场；

②E_θ 和 H_φ 两个分量均与 $\frac{1}{r}$ 成正比，是由扩散引起的。当距离增加时，场强相对于近区场减少得比较缓慢，因而可以传播到发射天线很远的地方；

③电基本振子的辐射场与 $\sin\theta$ 成正比，即在不同 θ 方向上，它的辐射强度是不同的，在 θ 等于 0° 和 180° 方向上，即振子轴线的方向上辐射为零，而在通过振子中心并垂直于振子轴线的方向上，即 $\theta = 90^\circ$ 方向，辐射最强。因此辐射场是有方向性的，其辐射方向如图2-10所示。

三、磁偶极子的电磁辐射场（源）公式（数学模型）

（一）磁偶极子的电磁辐射概念

在物质的磁化理论中，磁偶极子的概念很为重要。所谓磁偶极子是指一个很小的圆形载流回路（图2-11）。场中一点到回路中心的距离都比回路的线度大很多，并且在磁偶极子所在的范围内的外磁场可以认为是均匀的。显然，物质中的分子电流具有磁偶极子的性质。把这样的电流回路叫做磁偶极子，是因为这回路所限定的很小面

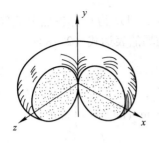

（a）电流元、磁流元方向图的立体模型

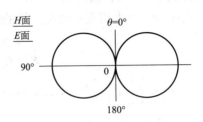

（b）电流元E面方向图，磁流元H面方向图

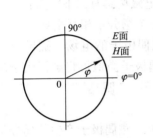

（c）电流元H面方向图，磁流元E面方向图

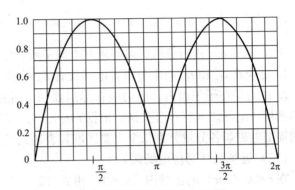

（d）在子午平面内的直角坐标方向图

图2-10　电偶极子、磁偶极子的方向性图

积元a的正面上可以看成有许多北极（N极），在它的负面上可以看成有等量的南极（S极）。磁偶极子一方面在它的周围产生磁场，另一方面它在外磁场中受到力的作用。

（二）磁偶极子的电磁辐射场（源）公式（数学模型）

磁偶极子（又称磁基本振子、磁流元）是自由空间一半径远小于波长λ、环上载有高频电流的小圆环。设该磁偶极子由假想的一对相距极小的正负磁荷$+g_m$、$-g_m$组成。如图2-11（a）所示，取圆环中心为坐标原点。将通电小圆环置于XOZ平面上，圆环中心与坐标原点重合，如图2-11（b）所示。

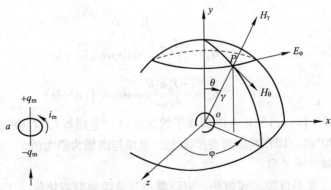

（a）小电流环（一对相距极小的正负磁荷）　　（b）磁基本振子（圆环中心与坐标o点重合）

图2-11　磁偶极子辐射源（球面坐标制）

设该小圆环的半径为 a，圆的周长为 L。由于 $L \ll \lambda$，可认为环上各点电流等幅同相。环电流为 $I_m = I_m \sin\omega t$，可求得在空间某点处的电场与磁场的表达式（2-8）。

$$H_\varphi = 0$$
$$E_r = E_\theta = 0$$
$$E_\varphi = \frac{I_m a^2}{4\omega\varepsilon}k^4 \left[\frac{-1}{kr}\cos(\omega t - kr) - \frac{1}{(kr)^2}\sin(\omega t - kr) \right]\sin\theta \qquad (2-8)$$
$$H_r = \frac{I_m a^2}{2}k^3 \left[-\frac{1}{(kr)^2}\sin(\omega t - kr) + \frac{1}{(kr)^3}\cos(\omega t - kr) \right]\cos\theta$$
$$H_\theta = \frac{I_m a^2}{4}k^3 \left[\frac{-1}{kr}\cos(\omega t - kr) - \frac{1}{(kr)^2}\sin(\omega t - kr) + \frac{1}{(kr)^3}\cos(\omega t - kr) \right]\sin\theta$$

对式（2-8）进行分析，可得磁基本振子所产生的电磁场具有以下特点：

1. 磁场有 H_r 和 H_θ 两个分量，电场仅有 E_φ 分量，三个场分量相互垂直。

2. 磁力场在子午面内，电力线在赤道面内。可见磁偶极子的电场、磁场与电基本振子的磁场、电场之间有对应关系。根据 r 的大小，与电偶极子类似可将磁偶极子的场所在空间周围电磁场各分量分为二个主要区域其表达式见（三）、（四）。

（三）近场区（感应电场区）

在 $r \ll \lambda / (2\pi)$ 的区域内，$kr \ll 1$。由式（2-8）可见，磁偶极子产生的场分量主要取决于 $1/(kr)$ 的高次项，即

$$E_\varphi \approx \frac{-I_m a^2 k^2}{4\varepsilon\pi r^2}\sin\theta\sin\omega t$$
$$H_r \approx \frac{I_m a^2}{2r^3}\cos\theta\cos\omega t \qquad (2-9)$$
$$H_\theta \approx \frac{I_m \Delta L}{4r^3}\sin\theta\cos\omega t$$

（四）远场区（辐射场区）

在 $r \gg \lambda / (2\pi)$ 的区域内，$kr \gg 1$。该区域内的场分量主要取决于式（2-8）中 $1/(kr)$ 的低次项，而且 H_r 与 H_θ 相比可忽略，因此在波的传播方向上的磁场分量近似为零，得：

$$H_r \approx 0$$
$$H_\theta \approx \frac{-I_m a^2 k^3}{4r}\sin\theta\cos(\omega t - kr) \qquad (2-10)$$
$$E_\varphi \approx \frac{-I_m a^2 k^3}{4\varepsilon\omega r}\sin\theta\cos(\omega t - kr)$$

由式（2-10）可见，在磁偶极子的远场区，电磁场与空间的关系完全和电偶极子相仿。当 $\theta = 90°$ 时，即在线圈所在平面上，电场与磁场为最大值。

（五）漏泄场（源）

漏泄场主要是缝隙元辐射场，电磁波透过缝隙辐射或接收。工业企业和智能建筑主要是涉及电磁屏蔽室的设计，本章不做叙述。

第三章　高压架空输电线路、变电站电磁干扰场强的计算

第一节　高压架空输电线路附近工频电场和工频磁场电磁辐射强度及限值

一、高压架空输电线路附近工频电场和工频磁场

(一) 工频电磁场

工频频率，通用：50Hz/60Hz；铁路：$16\frac{2}{3}$Hz；船舶：20～30Hz；航空电子：400Hz。

在电力或动力领域中，通常将供电的频率（50Hz 或 60Hz）称为工业频率（简称工频），处于工频范围内的电磁场即工频电磁场。工频电磁场为感应场，电压感应出电场，电流感应出磁场。在临近输电线路或电力设施范围的环境中，工频电磁场的电场与磁场是单独存在的。感应场的特点是随着距离的增大迅速衰减。

工频磁场与高频电磁场的区别在于：工频磁场不像高频电磁场那样以电磁波形式形成有效的电磁能量辐射或形成生物体内能量吸收。

(二) 高压架空输电线路附近工频电场

在人们生活环境中，较高的工频电场多出现在高压架空输电线路（包括变电站架空进出馈线）周围。高压架空线路在其周边产生的工频电场强度主要取决于线路电压等级的高低。从 10kV 高压配电线路至 500kV 超高压输电线路，周边电场强度随电压等级的提高而增大。电压等级越高，周边电场强度越强。而对 500kV 及以上电压等级的线路，如 750kV 的特高压输电线路设计主要取决于电磁环境控制要求。

应当指出，临近输电线路地面的最大电场强度（也就是人们通常进行环境评估或监测时关注的对象）是指输电线路导线弧垂最低处的电场强度。

高压架空输电线路周边的电场强度，不仅取决于线路的电压等级，在很大程度上还受到线路设计参数的影响，这些参数主要包括：三相导线的布置方式如三角形布置、水平等高布置、三相垂直布置。另外，与杆塔结构形式密切相关，例如，杆塔上架设单回线路还是多回线路，杆塔高度，导线对地面距离等。

(三) 高压架空输电线下工频电磁场

高压输电线路作为带电导体，周围存在的工频电场是电准静态场，仅由电荷（电压）产生。高压输电线路上流过电流，周围存在的磁场是磁准静态场，仅由电流产生。本节所述的工频电磁场将电场和磁场分开，按照麦克斯韦理论，电场与磁场应有 3 个分量，分别包含有正比于 $1/r^3$、$1/r^2$、$1/r$ 的项（r 为场源至考察点的距离）。当 $r \leqslant \lambda/2\pi$（即近场条件，λ 为波长）时，正比于 $1/r^3$ 的项起主要作用，即在近区起主要作用的是"感应场"，而不是"辐射场"。从第二章中关于电偶极子和磁偶极子的理论可知，在电

偶极子的近场区，感应电场强度按$1/r^3$的规律减小，磁场强度按$1/r^2$规律减小，在磁偶极子的近场区刚好相反，感应磁场强度按$1/r^3$的规律减小，电场强度按$1/r^2$规律减小。

下面列举不同电压等级的典型输电线路工频电场强度的理论计算分布曲线来说明其线路下方邻近空间的工频电场强度水平。

二、500kV高压架空输电线路距地面不同高度的工频电场的分布及强度值

（一）离地面不同高度处的电场强度

图3-1为500kV输电线路距地面不同高度时（$h=1m$、$2m$、$3m$、$4m$）工频电场强度横向分布特性曲线，线路工频电场强度与线路距离限值如表3-1所示。

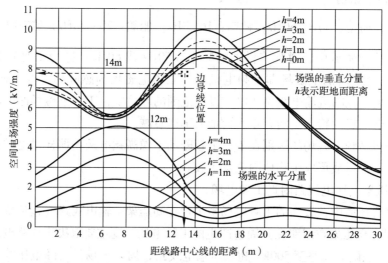

图3-1 某500kV输电线路距地面不同高度时工频电场强度横向分布特征曲线

500kV输电线路工频电场强度与线路距离限值　　　　　　　　　　　表3-1

杆塔模式		三相单回路，导线水平架设，导线为四分裂正方形排列
导线结构形式		各相导线间水平距离为$2\times14m$
允许场强限值		按我国相关规范容许场强限值4kV/m
安全防护距离	导线对地面距离（距离地面1.5m高处）[①]	导线最大弧垂处对地面高度为12m
	距离导线中心部位的距离（杆塔中心部位） 居民区	27m处不超过4kV/m
	非居民区	
	导线边缘投影到地面的水平距离 居民区	13m处不超过4kV/m
	非居民区	

注：①一般在环境评估中$h=1.5m$（在电力行业中，一般取$h=1.0m$）的垂直分量作为输电线路工频电场的评价量。

（二）500kV 单回路输电线路下方的地面工频电场强度

图 3 - 2 为 500kV 工频电场强度随线路中心距离不同的变化关系图。线路工频电场强度与线路距离限值如表 3 - 2 所示。

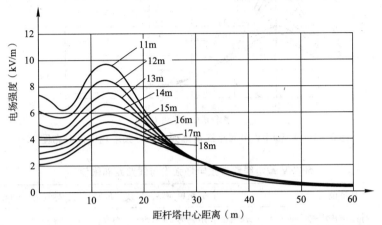

图 3 - 2 某 500kV 工频电场强度随距线路中心距离不同的变化关系图

500kV 输电线路工频电场强度与线路距离限值 表 3 - 2

杆塔模式		三相单回路，导线水平排列，导线为 4×LGJ - 400
导线结构形式		各相导线间距为 2×11.6m
允许场强限值		按我国相关规范容许场强限值 4kV/m
安全防护距离	导线对地面距离（距离地面 1.5m 高处）①	导线对地面最大弧垂处对地面高度为 14m（非居民区），导线最大弧垂处对地面高度为 18m（居民区）
	距离导线中心部位的距离（杆塔中心部位） 居民区	居民区导线对地面高度为 18m 时，19.6m 处可达到 4kV/m 要求
	非居民区	导线最大弧垂处对地面高度为 14 米，23.5m 处即可降至居民区 4kV/m 限值
	导线边缘投影到地面的水平距离 居民区	居民区导线对地面高度为 18m 边缘距离 8m 时，可达到 4kV/m 要求
	非居民区	非居民区导线对地面高度为 14m，边缘距 12m 时即可降至居民区 4kV/m 限值

注：①一般在环境评估中 $h=1.5m$，在电力行业中，一般取 $h=1.0m$。
②从图 3 - 2 可以看出，工频电场最大值发生在距线中心 13m 处。

（三）500kV 单回路高压架空输电线路工频电场强度限值

图 3 - 3 所示为 500kV 单回路三角形排列线路工频电场横向分布图，线路工频电场强度与线路距离限值如表 3 - 3 所示。

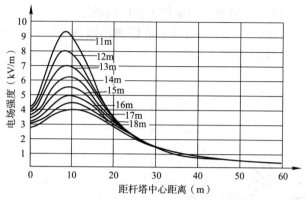

图 3 - 3 某 500kV 单回路三角排列线路工频电场横向分布图

500kV 输电线路工频电场强度与线路距离限值 表 3 - 3

	杆塔模式	三相单回路,导线三角形排列,导线为 4 × LGJ - 400	
	导线结构形式	距离为 2 × 7.5m	
	允许场强限值	按我国相关规范容许场强限值 4kV/m	
安全防护距离	导线对地面距离(距离地面 1.5m 高处)①	导线最大弧度处对地面高度为 14m②	
	距离导线中心部位的距离(杆塔中心部位)	居民区	18m 处可降至居民区 4kV/m 的限值
		非居民区	
	导线边缘投影到地面的水平距离	居民区	11.5m 处即可降至居民区 4kV/m 的限值
		非居民区	

注:①一般在环境评估中 $h = 1.5m$,在电力行业中,一般取 $h = 1.0m$。

②随着导线对地面的距离增大,安全间距可以缩小,如图 3 - 3 所示。

(四)500kV 同塔双回路高压架空输电线路工频电场强度限值

图 3 - 4 所示曲线(a)为 500kV 同塔双回路导线工频电场强度横向分布曲线图,线路工频电场强度与线路距离限值如表 3 - 4 所示。

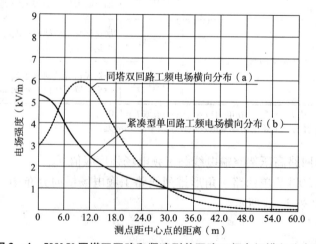

图 3 - 4 500kV 同塔双回路和紧凑型单回路工频电场横向分布图

500kV 同塔双回路工频电场强度限值		表 3 - 4
杆塔模式	同塔双回路导线垂直逆向序排列 4×LGJ-400 导线	
导线结构形式	相导线间水平距离为 2×（8.55/10.3/7.5）m	
允许场强限值	按我国相关规范容许场强限值 4kV/m 考虑	
安全防护距离	导线对地面距离（距离地面 1.5m 高处）①	导线最大弧垂处对地为 14m	
	距离导线中心部位的距离（杆塔中心部位）	居民区	17m 处可降至 4kV/m 的限值
		非居民区	
	导线边缘投影到地面的水平距离	居民区	6.7m 处可降至 4kV/m 的限值
		非居民区	

注：①一般在环境评估中 $h=1.5\text{m}$，在电力行业中，一般取 $h=1.0\text{m}$。

（五）500kV 紧凑型高压架空输电线路工频电场强度值

500kV 输电线路目前已有采用紧凑型架设方式，该方式各相导线间距较常规线路大大缩小。图 3-4（b）曲线是 500kV 紧凑型线路（相导线水平间距为 7.2m），导线为倒三角形布置，导线最低高度为 14m 时线下工频电场横向分布图，其工频电场最大值为 5.43 kV/m，位于线路中心，在距线路中心 6.2m 处（即边线投影外 2.4m 处）可降为 4kV/m，与水平架设方式的常规线路相比，均有显著减小。

三、220kV、500kV 高压架空输电线路对地面工频磁场分布及强度值

如前所述，在电力或动力领域内所处的工频范围内的电磁场即工频电磁场。它与无线电范畴内高频电磁场是有区别的，在临近输电线路或电力设施周围的环境中，工频电磁场的电场与磁场是单独存在的，并且，不像高频电磁场那样以电磁波的形式形成有效电磁能量辐射或造成人体（生物体）内能量吸收。工频电磁场为感应场、由电压感应出电场，电流感应出磁场，将这两个场可以看成是两个独立的实体。感应场的特点随着距离的增加而迅速衰减。

高压架空输电线路在周围环境中产生的磁场与多种因素有关，这些因素包括：杆塔上架设线路的回数（单回或多回线路）、杆塔高度、对地距离、导线布设方式等。图 3-5 及图 3-6 列举了我国电力部门对 220kV 单回路线和双回路线磁场横向分布计算曲线。

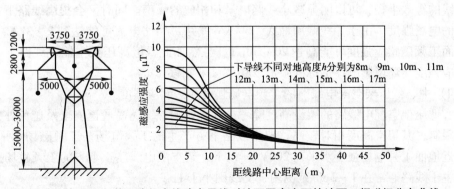

图 3-5　某 220kV 单回路架空线路在导线对地不同高度下的地面工频磁场分布曲线

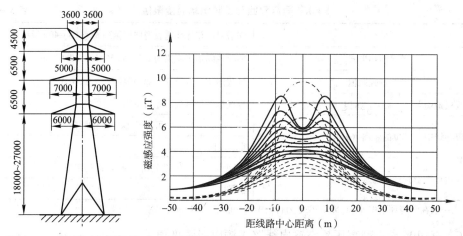

图3-6 某220kV同杆双回路架空线路在导线对地不同高度下的地面工频磁场分布曲线

（一）220kV单回路高压架空线路导线对地面不同高度下的工频磁场值（示例）

图3-5列举了220kV电压等级，采用猫头形铁塔，三相单回路，导线呈三角形布置的输电线路下，离地1m高度处的磁场横向分布计算曲线。曲线以铁塔中心线为坐标原点（0点），显示了磁场感应强度（磁通密度）随距离的衰减关系。图3-5中曲线对应的计算线路电流为300A（采用LGJ-300钢芯铝绞线）。

（二）220kV同杆塔双回路高压架空线路对地面不同高度下的工频磁场值（示例）

图3-6列举了220kV电压等级，同塔双回路采用鼓型铁塔，每回路导线上、下垂直布置的输电线路周围，离地1m高度处磁场分布计算。曲线同样以铁塔中心线为坐标原点。该曲线对应的计算线路电流为480A（采用2×LGJQ-240钢芯铝绞线），导线对地计算高度 h 与图3-5相同。由图3-6可见，线路下方的最大磁感应强度水平仅为10μT下。但应注意，线路周围空间的工频磁感应强度与线路电流成正比。

由图3-5与图3-6的计算示例可见，在距线路中心50m以上距离处，来自电力线路的工频磁场水平已经相当低。

（三）500kV高压架空输电线路对地面的工频磁场

高压架空输电线路周围空间产生的工频磁场感应强度与线路中负荷电流的大小成正比。当单回路输电容量增大，500kV同杆塔多回路输电线路多采用分裂结构方式因而增加高压导线的等效半径，可以明显减小线路电晕和相应的噪声。同时又会提高线路下方临近地面处的电场强度。由于导线截面增大，500kV线路每回路电流可能达到2~3kA。此时，线路下面工频磁感应强度可能高达20~30μT。虽然如此，但高压架空输电线路下方的工频磁感应强度比环境影响评估标准限值100μT要小得多。

（四）中、低压架空配电线路的工频电场强度和磁感应强度

中、低压架空配电线路的架设高度除考虑环境影响外，还受通道安全及避免外力破坏等因素限制，其架空高度相对较高，架空线路下方产生的工频电场与工频磁场水平较低。典型的近地面工频电场强度水平在200V/m以下；架空配电线路正下方的工频磁场感应强度，对主干线路通常在1~2μT范围内，支线则小于1μT。

第二节 我国及国际组织关于高压架空输电线路附近的工频电场和工频磁场的基本限值

一、我国电磁环境卫生标准的限值

依据我国行业标准规范《民用建筑电气设计规范》JGJ 16 - 2008 第 22.2 条规定：民用建筑物及居住小区与高压、超高压架空输电线路等辐射源之间应保持足够的距离。居住小区靠近高压、超高压架空输电线路一侧的住宅外墙处工频电场和工频磁场强度应符合表 3 - 5 的规定。

工频电磁场强度限值   表 3 - 5

场强类别	频率（Hz）	单位	容许场强最大值
电场强度	50	kV/m	4.0
磁场强度	50	mT	0.1

二、无线电干扰限值

我国高压架空输电线路设计技术规程规定的电场强度值依据《(110 ~ 500) kV 架空送电线路设计技术规程》DL/T 5092 - 1999 中规定：导线对地面最小距离（最大计算弧垂情况下）输电线路导线下方弧垂最低点：

1）500kV 送电线路跨越非长期住人的建筑物或邻近民房时，房屋所在位置离地 1m 处最大未畸变电场不得超过 4kV/m；

2）距送电线路边相导线投影外 20m 处，无雨、无雪、无雾天气，频率 0.5MHz 时的无线电干扰限值如表 3 - 6 所示。

无线电干扰限值   表 3 - 6

标称电压（kV）	110	220 ~ 330	500
限值/dB（μV/m）	46	53	55

3）依据《高压交流架空送电线无线电干扰限值》GB 15707 - 1995 4.2 节规定：当频率为 1MHz 时，要比上述 0.5MHz 时的限值减去 5dB（μV/m）。当线路为 0.15 ~ 30MHz 频段中其他频率时，则其干扰限值可按式（A - 1）计算：式（A - 1）适用于频率 0.15 ~ 4MHz；其他频率用式（A - 2）。

$$E = E_0 + \Delta E = E_0 + 5 \left[1 - 2 \left(\lg 10 f \right)^2 \right] \tag{A - 1}$$

或

$$E = E_0 + \Delta E = E_0 + 20 \lg \frac{1.5}{0.5 + f^{1.75}} - 5 \tag{A - 2}$$

式中 ΔE——相对于 0.5MHz 的干扰场强的增量，dB（μV/m）；

   E_0——为表 3 - 6 中所列限值数 dB（μV/m）；

   f——频率（MHz）。

4）应用举例：当频率为 0.8MHz 时，利用式（A-1）计算出 $\Delta E = -3$dB（μV/m），对于 500kV 的线路，频率 0.5MHz 时，从表 3-6 查得干扰限值为 $E_0 = 55$dB（μV/m），所以 0.8MHz 时的 500kV 的无线电干扰限值为 $E = E_0 + \Delta E = 55 - 3 = 52$dB（μV/m）。

目前，我国各级电压等级的架空送电线路，除高海拔地区外，基本上不会超过以上限值。

限值随电压等级的提高而增大，今后上百万伏特的高压架空线路的无线电干扰限值均为 55~58dB。

5）无线电干扰场强的距离修正

（1）根据式（A-3）可以计算出距离边导线投影不为 20m 处的无线电干扰限值。也可以把距边导线投影不为 20m 处测量的无线电干扰场强修正到 20m 处。

（2）距离特性

高压交流架空送电线无线电干扰距离特性由下式表示：

$$E_X = E + k \cdot \lg \frac{400 + (H-h)^2}{X^2 + (H-h)^2} \tag{A-3}$$

式中　E_X——距边导线投影 X m 处干扰场强，dB（μV/m）；

E——距边导线投影 20 m 处干扰场强，dB（μV/m）；如表 3-6 所示和由式（A-1）或式（A-2）计算的值；

X——距边导线投影距离（m）；

H——边导线在测点处对地高度（m）；

h——测量仪天线的架设高度（m）；

k——衰减系数。

对于 0.15~0.4MHz 频段，k 取 18；对于大于 0.4MHz 直至 30MHZ 频率，k 取 16.5。式（A-3）适用于距导线投影距离小于 100m 处。

三、高压电力线路、变电站（所）与电磁屏蔽室最小距离要求

（1）根据国家标准《电磁屏蔽室工程技术规范》GB/T 50719-2011 规定：电磁屏蔽室的工作频率范围在 10kHz 及以下的，应远离高电压的电力架空线路及变电站（所），其相互间最小距离宜满足表 3-7 的要求。

高电压电力架空线路与电磁屏蔽室最小距离要求　　　　　　表 3-7

电压（kV）	500	220	110	35	10
距离（m）	150	100	50	25	10

（2）测试、实验用电磁屏蔽室离工业、科学、医疗射频设备干扰源，其直线距离一般不小于 50m。

四、高压架空输电线路与弱电线路、电力线路、建筑物之间的最小距离

各级架空高压输电线路与弱电线路、电力线路、建筑物之间的最小水平和垂直距离如表 3-8 所示。

各级高压架空输电线路与弱电线路,1kV以下电力架空线路,建筑物之间的最小水平和垂直距离　　　表3-8

标称电压(kV)	弱电线路 最小水平距离(与边沿导线间距)(m)		弱电线路 最小垂直距离至被跨越物(m)	电力线路 最小水平距离(与边沿导线间距)(m)		电力线路 最小垂直距离至被跨越物 跨越物(m)	导线最大弧垂与地面最小垂直距离(m)			导线最大弧垂与建筑物顶的最小垂直距离①(m)	导线边沿与建筑物之间在计算风偏时的最小水平距离(m)	无线电干扰值 导线边沿投影到地面20m处无雨、雪、雾天气下,在0.5MHz频率时 dB(μV/m)	无线电干扰值 线路跨越非长期住人,或相邻民房距离地面1m高处最大畸变电场(kV/m)
	开阔地带	路径限制地带		开阔地带	路径限制地带		居民区②	非居民区	交通困难地区				
1kV以下			1.0			1.0	6.0	5.0	4.0	2.5	1.0		
1~10			2.0			2.0	6.5	5.5	5.0	3.0	1.5		
35	最高塔杆高		3.0	最高塔杆高		3.0	7.0	6.0	5.0	4.0	3.0		
66			3.0			3.0	7.0	6.0	5.0	5.0	4.0		
110		4.0	3.0		5.0	3.0	7.0	6.0	5.0	5.0	4.0	46	一般可按 4.0kV/m
154		5.0	4.0		7.0	4.0	7.5	6.5	5.5	6.0	5.0	53	
220		5.0	4.0		7.0	4.0	7.5	6.5	5.5	6.0	5.0	53	
330		6.0	5.0		9.0	5.0	8.5	7.5	6.5	7.0	6.0	53	
500		8.0	6.0(8.5)		13.0	6.0(8.5)	14.0	11(10.5)④	8.5	9.0	8.5	55	线路对地面高度11~12m,线距在7~9m时为3.72~4.51kV/m③　4.0kV/m

注:①送电线路不应跨越屋顶为燃烧材料做成的建筑物。对耐火屋顶的建筑物不应跨越。如需跨越时应与有关方面协商或取得当地政府同意,500kV送电线路不应跨越长期住人的建筑物。高压线塔应尽量避开居民区。

②根据我国《城市规划相关规定》,10kV的高压线楼与居民楼的水平距离应大于5m,110kV的为10m,220kV的为15m,550kV的为25m。高压线塔应尽量避开居民区。

③参见我国行标《(110~500)kV架空送电线路设计技术规程》DL/T 5092-1999表17的内容。

④表中500kV行的11(10.5)项,11用于三角排列,10.5用于水平排列,8.5用于三角排列,10.5用于三角排列(塔)顶。

五、国外和国际组织关于架空输电线路工频电场强度和工频磁场的基本限值

（一）国际非电离辐射防护委员会规定的限值

1998 年 4 月国际非电离辐射防护委员会（ICNIRP）正式提出的《限制时变电场、磁场和电磁场（300GHz 以下）暴露的导则》关于工频磁场的限值规定如表 3-9 所示。

ICNIRP 导则关于工频磁场的基本限值和参照水平　　　　　　表 3-9

暴露特性	基本限值（mA/m）	磁通密度（μT，参照水平）	
		50Hz	60Hz
职业人员	10	500	417
一般民众	2	100	83

目前大多数国家尚未对工频磁场标准提出要求，只有少数几个国家制定了磁场照射的限值。欧盟向其成员国推荐使用 ICNIRP 导则作为保护工作人员和公众安全的强制性标准。其他一些国家直接借用 ICNIRP 的相关标准，中国制定的相应标准与 ICNIRP 相似。

（二）国际大电网会议工作委员会规定的限值

1986 年，国际大电网会议（CIGRE）36 工作委员会发布了其针对"输电系统产生的电场和磁场"的国际调研报告。高压输电线路的最大电场强度如表 3-10 所示。

邻近架空输电线路电场强度国际调查结果　　　　　　表 3-10

系统电压等级（kV）	线路下方电场强度（kV/m）	系统电压等级（kV）	线路下方电场强度（kV/m）
330	5	500	6.5~10
400	3~11.5[①]	750	8~10

注：①11.5kV/m 相应于相导线对地高度非常低的情况；3kV/m 则相应于相导线离地高度很高的情况。

（三）美国国家环境卫生科学研究所提出的数值

美国国家环境卫生科学研究所（NIEHS）2002 年发布的对各种类型输电线路附近典型的工频电场水平的调查结果如表 3-11 所示。需要指出的是表 3-11 列出的工频电场水平为不同线路结构地面电场强度的平均值，并非人们通常在环境评价中监测的某条特定线路弧垂最低处的最大电场强度。表 3-11 所列的工频电场水平与我国多年的监测结果是基本一致的。

高压输电线路附近的典型工频电场水平（电场强度平均值）　　　　表 3-11

线路电压等级（kV）	以线路走廊中点为原点，垂直线路走向不同距离处的电场强度（kV/m）				
	塔基正下方 0m 处	15m 处	30m 处	60m 处	90m 处
115	1.0	0.5	0.07	0.01	0
220	2.0	1.0	0.3	0.05	0.01
500	7.0	3.0	1.0	0.3	0.1

（四）美国 IEEE C95.6 – 2002 推荐的工频电场强度控制标准

美国电气和电子工程师学会 C95.6 环境电场最大许可暴露水平控制标准（整个躯体的暴露）表 3 – 12

公众环境（kV/m）	受控环境（kV/m）	线路走廊内
5	20	电力线路走廊内，公众环境在正常负荷条件下是 10kV/m

（五）部分国际组织工频电场允许限值

部分国际组织工频电场允许限值　　　　　　　　　　表 3 – 13

名称	频率	电场强度允许限值（kV/m）	
		职业	公众
国际非电离辐射防护委员会 ICNIRP – 1998	50Hz	10	5
	60Hz	8.33	4.16
欧洲电工技术标准化委员会（CENELEC – 1995）	60Hz	25	8.33
英国国家辐射防护委员会 NRPB – 1993	50Hz	12	12
	60Hz	10	10

第三节　高压架空输电线路、变电站工频电磁场干扰场强的计算

架空输电线、变电站是指交流电压等级为 750kV 及以下正常运行的高压架空输电线和变电站。由于导线、开关连接点接触不良、金具电晕现象以及变压器的漏磁产生 0.15～30MHz 的电磁干扰，这些干扰影响电视接收机，无线电导航，中波、长波广播收音机以及电力线通信、遥控、弱电、通信设施、线路等的正常工作。

一、架空输电线路、变电站工频电磁场的基本理论及表达方式

目前国内外学者已经做了大量关于高压输电线周围的工频电磁场计算方法的研究工作，下面仅对高压输电线周围工频电磁场计算涉及的基础理论进行汇集。

（一）正弦稳态电磁场的相量表示

根据电磁场原理，当场源电荷和电流按正弦规律变化时，场域空间任一点的电场和磁场的各个分量也都是时间的正弦函数；当场按正弦稳态变化时，对场量的分析可以将时域问题转换为相量形式来进行。在工频电磁场中，工频电压和电流都是时间的正弦稳态变化量，因此工频电磁场可以由相量表示。

在笛卡儿直角坐标系中，正弦稳态时变电场表示为：

$$E(x, y, z, t) = E_x(x, y, z, t) e_x + E_y(x, y, z, t) e_y + E_z(x, y, z, t) e_z$$
$$= E_{xm}(x, y, z) \sin(wt + \phi_x) e_x + E_{ym}(x, y, z) \sin(wt + \phi_y) e_y$$
$$+ E_{zm}(x, y, z) \sin(wt + \phi_z) e_z \tag{3-1}$$

各分量的振幅值是空间坐标的函数，同时又是时间正弦函数，各坐标分量具有相同的角频率表达 w，ϕ_x，ϕ_y 和 ϕ_z 分别为各分量的初相位。用位置相量 r 表示空间位置简化表达式为：

$$E(r, t) = E_x(r) \sin(wt + \phi_x) e_x + E_y(r) \sin(wt + \phi_y) e_y +$$

$$E_z(r) \ \sin(wt+\phi_z)e_z \tag{3-2}$$

对上式任意分量，如 $E_x(r)\sin(wt+\phi_x)$，可用相量的复数形式表示：

$$E_x(r) = E_{xR}(r) + jE_{xI}(r) \tag{3-3}$$

式中　$E_{xR}(r)$——相量复数的实部；

　　　　$E_{xI}(r)$——相量复数的虚部。

$$E_x(r) = \sqrt{E_{xR}^2(r) + E_{xI}^2(r)}; \quad \phi_x = \arctan\frac{E_{xI}(r)}{E_{xR}(r)}$$

于是正弦稳态时变电场的相量形式为：

$$\dot{E}(r) = \dot{E}_x(r)\ e_x + \dot{E}_y(r)\ e_y + \dot{E}_z(r)\ e_z \tag{3-4}$$

同理，正弦稳态时变磁场的相量表示形式为：

$$\dot{B}(r) = \dot{B}_x(r)\ e_x + \dot{B}_y(r)\ e_y + \dot{B}_z(r)\ e_z \tag{3-5}$$

（二）基本方程组的相量形式

麦克斯韦方程是描述一切宏观电磁现象的基础。式（3-6）是法拉第电磁感应定律的微分形式，表示变化的磁场要产生的电场。式（3-7）是安培定律的微分形式，它表示磁场不仅由传导电流产生，而且随时间变化的电场也要产生磁场。E、H 随时间变化越快，产生的感应量越大。这是处理电磁兼容问题时必须牢记的最基本的原理。

式（3-8）表示有电场的有源性，电力线总是从正电荷发出到负电荷终止，式（3-9）表示磁力线的闭合性。

法拉第电磁感应定律：
$$\nabla \times E = -\frac{\partial B}{\partial t} \tag{3-6}$$

全电流定律：
$$\nabla \times H = \frac{\partial D}{\partial t} + J_c \tag{3-7}$$

高斯定律：
$$\nabla \cdot D = \rho \tag{3-8}$$

磁通连续定律：
$$\nabla \cdot B = 0 \tag{3-9}$$

性能方程式：
$$\left.\begin{array}{l} D = \varepsilon E \\ B = \mu H \\ J_c = \gamma E \end{array}\right\} \tag{3-10}$$

式中　E——电场强度（V/m）；

　　　　D——电位移矢量（C/m^2）；

　　　　B——磁感应密度（Wb/m^2）；

　　　　H——磁场强度（A/m）；

　　　　ρ——自由电荷体密度（C/m^3）；

　　　　ε——媒质的介电常数（F/m）；

　　　　μ——媒质的磁导率（H/m）；

　　　　γ——电导率（s/m）；

　　$\nabla \times$——表示矢量的旋度，体现了矢量的旋流涡源；

　　$\nabla \cdot$——表示矢量的散度，体现了矢量的散度源；

　　　　J_c——传导电流密度，可以激励磁场。

因为正弦电磁场的场源时变电荷和传导电流为正弦量：

$$\dot{Q} = Q_{R} + jQ_{I} \tag{3-11}$$

$$\dot{I} = \dot{I}_{x}e_{x} + \dot{I}_{y}e_{y} + \dot{I}_{z}e_{z} \quad (\dot{I}_{x} = I_{xR} + jI_{xI}) \tag{3-12}$$

所以传导电流密度 J 和时变电荷密度 ρ 也可以用相量表示，则麦克斯韦方程式组的相量表示为：

$$\nabla \times \dot{H} = \dot{J}_{c} + \frac{\partial \dot{D}}{\partial t}$$

$$\nabla \times \dot{E} = -\frac{\partial \dot{B}}{\partial t} \tag{3-13}$$

$$\nabla \cdot \dot{B} = 0$$

$$\nabla \cdot \dot{D} = \dot{\rho}$$

性能方程式相量形式为：

$$\dot{D} = \varepsilon \dot{E}$$

$$\dot{B} = \mu \dot{H} \tag{3-14}$$

$$\dot{J} = \gamma \dot{E}$$

二、准静态电磁场理论

在电磁场的工程应用领域，准静态电磁场是指电场和磁场都是时间的函数（即 $\frac{\partial D}{\partial t}) \neq 0$，$\frac{\partial B}{\partial t} \neq 0$）。当电磁场随时间作缓慢变化时，麦克斯方程组中的 $\frac{\partial D}{\partial t}$ 和 $\frac{\partial B}{\partial t}$ 可以忽略，这种时变场称为准静态电磁场。工频电磁场属于准静态电磁场。准静态电磁场包括电准静态场和磁准静态场。

（一）电准静态（EQS）场理论

电准静态场中由时变电荷 Q (t) 产生的库仑电场远远大于由时变磁场 $\frac{\partial B}{\partial t}$ 产生的感应电场，时变磁场的作用可忽略，电场近似呈无旋性。电准静态场的基本方程为：

$$\nabla \times H = J_{C} + \frac{\partial D}{\partial t}$$

$$\nabla \times E \approx 0$$

$$\nabla \cdot B = 0 \tag{3-15}$$

$$\nabla \cdot D = \rho$$

（二）磁准静态（MQS）场理论

磁准静态场中传导电流密度 J 远远大于由变化的电场产生的位移电流密度 $\frac{\partial D}{\partial t}$，可忽略位移电流的作用。磁准静态场的基本方程为：

$$\nabla \times H = J \tag{3-16}$$

$$\nabla \times E = -\frac{\partial B}{\partial t}$$

$$\nabla \cdot B = 0$$
$$\nabla \cdot D = \rho$$

式（3－15）、式（3－16）分别被称为电准静态（EQS）场和磁准静态（MQS）场。例如，50Hz 的工频电场的真空中的波长 $\lambda = c/f = 3 \times 10^8/50 = 6000/\text{km}$。对一条 200km 长，即 $L \ll \lambda$ 的输电线来说，线上任意点处的电压可以认为是同时达到相同的值，不必计其滞后现象，所以称为"准"静态场。上述两组方程式（3－15）、式（3－16）在一定频率范围内的正弦电磁场问题完全可以用求解静态电磁场的方法来处理低频电、磁场。不仅 50Hz 的问题是这样，即使对频率为 100MHz 的电源来说，因为它对应的波长是 3m，一段 10km 的线对它来说仍满足 $L \ll \lambda$（一般以 10 倍计算）条件，还是可作为准静态场来处理。这一类场在工程上是大量存在的。

（三）准静态场使用条件

利用准静态电磁场计算时变场时，还需要考虑时变场的波动条件。只有当满足计算场点到场源距离 L 远小于时变场的波长 λ 的条件时，才能够用静态电磁场办法分别对电场和磁场进行求解。工频电磁场的电磁波长 $\lambda = \dfrac{c}{f} = \dfrac{3 \times 10^8}{50} = 6 \times 10^6 \text{m}$，远远大于实际需要计算的工频电磁场区域，波动过程可以忽略。所以对工频电磁场的求解可转化为分别计算工频电场和工频磁场的问题。

当使用者（研究者）研究对象的最大尺寸 L 可与信号波长 λ 相比拟。对一线路来说，如果线路长 $L \approx \lambda$ 或 $L \approx n\lambda$（$n < 10$），这时一段导线上的电压既是时间的函数，也是长度的函数。

对大量的电子设备、通信器件，工作频率为几百兆赫兹，甚至几十吉赫兹，即使只有几个厘米长的线也是长线（电大电路），可相当于发射天线。因为它们在高频下工作，很容易给器件带来许多干扰。即使采用屏蔽措施，也极容易因措施不完善或疏忽而带来意想不到的干扰。

（四）准静态流场（涡流场）

在良导电媒质（电导率 $\sigma \gg \omega\varepsilon$）中，忽略位移电流 $\left(\dfrac{\partial D}{\partial t}\right)$ 产生的磁场，但计其 $\left(\dfrac{\partial B}{\partial t}\right)$ 产生的电场，会造成电磁场在良导电媒质中扩散（渗透），如图 3－7所示。随着透入深度 x 的增加，进入导体中的场强 E 在减小。从麦克斯韦方程可导出无源情况下的电场的方程结果为 0。

$$\nabla^2 E - \mu\sigma \frac{\partial E}{\partial t} = 0 \qquad (3-17)$$

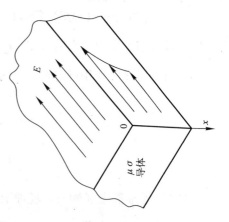

图 3－7 导电媒质中的扩散场

这里要注意的是：该方程的特征是，场强对空间以二次导数变化，对时间以一次导数变化，在一维的情况下，假设 E 只有 y 方向的分量 E_y（图 3－7），并不随 z 变化。则方程变为：

$$\frac{\partial^2 E_y}{\partial x^2} - \mu\sigma\frac{\partial E_y}{\partial t} = 0 \qquad (3-18)$$

三、平面电磁波理论

在均匀媒质中的无源区域，假设电场只有一个 x 方向的分量 E_x，则磁场只有一个 y 方向的分量 H_y（一维情况）。根据麦克斯韦方程可以导出电磁场以一定的相位速度 $\nu = \sqrt{\dfrac{1}{\mu\varepsilon}}$，向着与 E_x、E_y 都垂直的方向（z 方向）传播，用方程表示为：

$$\begin{cases} \dfrac{\partial^2 E_x}{\partial z^2} = \dfrac{1}{\nu^2}\times\dfrac{\partial^2 E_x}{\partial t^2} \\ \dfrac{\partial^2 H_y}{\partial z^2} = \dfrac{1}{\nu^2}\times\dfrac{\partial^2 H_y}{\partial t^2} \end{cases} \qquad (3-19)$$

这种电场与磁场互相垂直并在与传播方向相垂直的平面内保持幅值不变的波，称为均匀平面波，也称横电磁波（TEM）。其特征是场强对时间、空间都按二次导数变化，为一维波动方程。当媒质为真空时，平面电磁波的相位速度 $\nu_0 = \sqrt{\dfrac{1}{\mu_0\varepsilon_0}} = 3\times10^8\text{m/s}$。在 EMC 问题中常用均匀平面波源来考察设备对远场区的抗干扰能力。

如果媒质有损耗，则电场的一维波动方程就变为：

$$\frac{\partial^2 E_x}{\partial z^2} - \mu\varepsilon\frac{\partial^2 E_x}{\partial t^2} - \mu\sigma\frac{\partial E_x}{\partial t} = 0 \qquad (3-20)$$

式（3-20）表示在有损耗的媒质中电磁波为幅值不断衰减、相位不断滞后的平面波。图 3-8（a）、（b）所示分别为空气中及有损耗媒质中的横电磁波。在空气中 E_x 和 H_y 在时间上相位差 $90°$，沿传播方向幅值不变。因终端为理想导体，所以在导体表面必然满足 $E_x = 0$。在有损耗的媒质中，E_x 和 H_y 在时间上不是相差 $90°$，而且随着波的传播，不仅幅值衰减，而且相位移亦在改变。

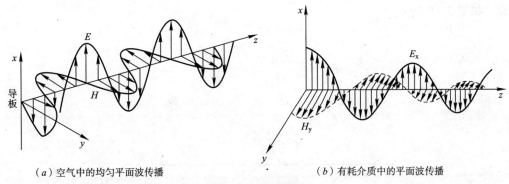

（a）空气中的均匀平面波传播　　　　　　（b）有耗介质中的平面波传播

图 3-8　横电磁波

四、高压输电线路下空间的工频电场强度的计算

（一）单位长度导线上等效电荷的计算

高压输电线周围的工频电场属于开域问题，因此可以忽略输电线的端部效应及杆塔、

绝缘子的影响，将输电线周围电场看做二维场进行计算。根据导线的布置形状，采用线电荷等效输电线的电荷，当输电线半径 r 远远小于距离地面高度 h 时，等效电荷的位置可以认为是在高压输电线的几何中心。导线视为无限长并且平行地面，地面视为良导体，因此根据"国际大电网会议第 36.01 工作组"推荐的方法，利用镜像法计算高压输电线路上的等效电荷。利用等效电荷，计算高压输电线（单相和三相高压输电线）下空间工频电场强度。可以运用式（3-21）矩阵方程计算输电线的等效电荷。

$$
\begin{pmatrix} \phi_1 \\ \phi_2 \\ \cdot \\ \cdot \\ \cdot \\ \phi_n \end{pmatrix} = \begin{pmatrix} \lambda_{11} & \lambda_{12} & \cdots & \lambda_{1n} \\ \lambda_{21} & \lambda_{22} & \cdots & \lambda_{2n} \\ \cdot & \cdot & \cdots & \cdot \\ \cdot & \cdot & \cdots & \cdot \\ \cdot & \cdot & \cdots & \cdot \\ \lambda_{n1} & \lambda_{n2} & \cdots & \lambda_{nn} \end{pmatrix} \begin{pmatrix} q_1 \\ q_2 \\ \cdot \\ \cdot \\ \cdot \\ q_n \end{pmatrix} \tag{3-21}
$$

式中　ϕ——各导线对地电压的单列矩阵；

　　　q——各导线上等效电荷大小的单列矩阵；

　　　λ——各输电线的电位系数组成的矩阵，该矩阵为 n 阶方阵，n 为导线数目。

ϕ 矩阵可由导线的电压和相位确定，从环境保护的角度考虑，以额定电压的 1.05 倍作为计算电压。对于三相输电线路而言，

$$
\begin{aligned}
\phi_A &= \phi \\
\phi_B &= \left(-\frac{1}{2} - j\frac{\sqrt{3}}{2} \right)\phi \\
\phi_C &= \left(-\frac{1}{2} + j\frac{\sqrt{3}}{2} \right)\phi
\end{aligned} \tag{3-22}
$$

式中　ϕ——相导线对地电压分量（额定电压的 1.05 倍）。

λ 矩阵由镜像原理求得。地面为电位等于零的平面，地面的感应电荷可由对地面导线的镜像电荷代替，用 i，j……，n 表示相互平行的实际导线，用 i'，j'……，n' 表示它们的镜像，如图 3-9 所示。

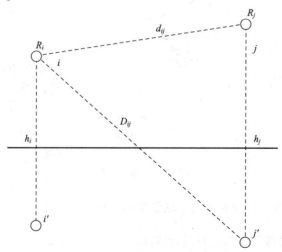

图 3-9　电位系数计算示意图

图 3 – 9 中所示的模型中，导线的自电位系数计算式为式（3 – 23）、式（3 – 24）：

$$\lambda_i = \frac{1}{2\pi\varepsilon_0}\ln\frac{2h_i}{R_i} \qquad (3-23)$$

互电位系数为

$$\lambda_{ij} = \frac{1}{2\pi\varepsilon_0}\ln\frac{D_{ij}}{d_{ij}} \qquad (3-24)$$

式中　ε_0——空气介电常数，$\varepsilon_0 = (1/36\pi) \times 10^{-9}\text{F/m}$；

　　　R_i——送电相导线半径，对于分裂导线而言，为等效半径，$R_i = R\sqrt[n]{(nr/R)}$；

　　　R——分裂导线几何半径，$R = \dfrac{d}{2\sin(\pi/n)}s$，$n$ 为次导线根线；

　　　r——次导线半径；

　　　h_i——相导线平均架空高度，$h_i = h_{0i} + \dfrac{1}{3}f_i$；

　　　h_{0i}——相导线弧垂最低点对地距离；

　　　f_i——相导线的弧垂；

　　　d_{ij}——第 i 导线与第 j 导线间距离；

　　　D_{ij}——第 i 导线与第 j 导线镜像间距离。

单位长度第 i 根导线上 q_i 等效线电荷在空间任意点 P 产生的电场强度可用高斯定理求得：

$$E_i = \frac{q_i}{2\pi\varepsilon_0 d_{iP}} \qquad (3-25)$$

式中　d_{iP}——第 i 导线与 P 点导线的距离。

当考虑大地效应时（即考虑第 i 根导线的镜像）

$$E_i = \frac{q_i}{2\pi\varepsilon_0}\left(\frac{1}{d_{iP}} - \frac{1}{D_{iP}}\right) \qquad (3-26)$$

式中　D_{iP}——第 i 根导线镜像的镜像电荷与点 P 的距离。

n 根导线在空间任意点 P 产生的合成电场强度，根据叠加原理可得：

$$E_i = \sum_{i=1}^{n}\frac{q_i}{2\pi\varepsilon_0}\left(\frac{1}{d_{iP}} - \frac{1}{D_{iP}}\right) \qquad (3-27)$$

（二）计算由等效电荷产生的电场

计算地面电场强度最大值，通常是以夏天、最大弧垂（导线离地面最小高度处为计算点）。当各导线单位长度的等效电荷量求出后，空间任意一点的电场强度可依据叠加原理计算得出在 $(x，y)$ 点的电场强度分量 $E_x、E_y$。若在二维直角坐标系中，x 轴平行于大地，y 轴垂直于大地，则电场强度的水平，垂直分量如式（3 – 28）所示：

$$E_x = \frac{1}{2\pi\varepsilon_0}\sum_{i=1}^{n}q_i\left(\frac{x - x_i}{d_{iP}^2} - \frac{x - x_i}{D_{iP}^2}\right)$$

$$E_y = \frac{1}{2\pi\varepsilon_0}\sum_{i=1}^{n}q_i\left(\frac{y - y_i}{d_{iP}^2} - \frac{y + y_i}{D_{iP}^2}\right) \qquad (3-28)$$

式中　$x_i，y_i$——第 i 根导线的坐标（$i = 1、2、3、\cdots\cdots、n$）；

　　　n——导线数目。

对于三相交流线路，可根据式（3-29）求得电荷计算空间任一点电场强度的水平和垂直分量。

由于导线上所带的电荷用复数表示的，因此，电场强度的各分量也要用复数表示。

$$E_x = E_{xR} + jE_{xI} = \sum_{i=1}^{n} \left(E_{ixR} + jE_{ixI} \right)$$

$$E_y = E_{yR} + jE_{yI} = \sum_{i=1}^{n} \left(E_{iyR} + jE_{iyI} \right) \quad (3-29)$$

式中 R，I——表示实、虚部。

P 点的合成电场强度表示为：

$$\dot{E} = \dot{E}_x + \dot{E}_y = \left(E_{xR} + E_{xI} \right) \dot{x} + \left(E_{yR} + E_{yI} \right) \dot{y} \quad (3-30)$$

$$E_x = \sqrt{E_{xR}^2 + E_{xI}^2}$$

$$E_y = \sqrt{E_{yR}^2 + E_{yI}^2}$$

式中 $\dot{x}$，$\dot{y}$——表示 x 轴和 y 轴单位向量；

E_{xR}——由各导线的实部电荷在该点产生场强的水平分量；

E_{xI}——由各导线的虚部电荷在该点产生场强的水平分量；

E_{yR}——由各导线的实部电荷在该点产生场强的垂直分量；

E_{yI}——由各导线的虚部电荷在该点产生场强的垂直分量。

第四节 架空输电线路电晕放电效应、电晕放电干扰计算

一、电晕放电噪声及放电干扰

电晕放电是指通过电线表面向空间放电的现象。对地为正电位时，叫正电晕，具有幅值大、脉冲波顶较平缓的特点；对地为负电时，成为负电晕，其脉冲波顶为瞬间的尖脉冲。电晕杂波一般分布在输电线上，它重复地产生着，就形成了高频杂波。输电线的电晕杂波受气候的影响很大，晴天时杂波强度降低，雨天时杂波强度增大。下雨时的电晕杂波随着降雨量的增大而急剧增大，可增加 10～15dB。一旦增加的强度超过该值后，则杂波强度将趋于稳定，约为 +5dB。

有资料表明：若输电线表面电位相同，那么，电晕杂波强度大致与输电直径的平方成正比。此外，输电线成垂直方向的（噪音）杂波增强，其衰减特性是随着频率的提高而变化的。电晕杂波的强度的一个显著特性，就是频率特性。一般在 1000kHz 以下时，电场强度与频率无关，基本上为一恒定值；若超过 1000kHz 时，例如在 15kHz～400MHz 的频率范围内随着频率提高，强度降低，呈反比关系。对于导线的配置方式及单线、复线等情况，电晕噪声则无明显差异。

输电线路电晕放电效应的干扰，在电气设备进行操作和运行过程中所引起电网波形畸变，瞬间电压突变，电源短时中断和恢复等因素引起的干扰。

另外，电晕放电具有间歇性，并产生脉冲电流，从而成为各种噪声干扰的原因，而且随着电晕放电过程产生的高频振荡也是一种干扰。电晕噪声的危害主要是来自输电线。随着电力机车，特别是高速铁路及超高压输电线的建设，电晕干扰电平主要构成对电力线载

波电话、低频航空无线电以及调幅广播等产生干扰影响。但对于电视低频段（54～216MHz）和调频广播（88～108MHz）则影响不大。

输电线路除产生电晕放电干扰外，在很宽的频带上产生一定的电磁干扰的频率是非常丰富的，因而构成对无线电信号的干扰破坏也非常突出，从而引起许多部门的担忧。

输电线铁塔、输电线有时也会像建筑物那样产生一定规模的反射障碍。例如，当电视电波的方向与线路垂直时常常受到干扰，只是干扰的程度因离线路距离、电线的根数、电线的间隔与来波角度等的不同而变化，但这种变化无大差异。反射干扰的主要状况是重影。

二、全面电晕电场强度"E_0"的计算

（一）按国外电晕计算导则推荐（经验公式）

$$E_0 = 30.1 m_1 m_2 \delta^{\frac{1}{2}} \left(1 + \frac{0.299}{\sqrt{r}}\right) \qquad (3-31)$$

式中　E_0——全面电晕电场强度（$kV_{(峰值)}$/cm）；

　　　m_1——导线表面系数，对于绞线 $m_1 = 0.82$（根据我国试验资料推荐采用0.9）；

　　　m_2——天气系数，对于好天气 $m_2 = 1$；

　　　r——导线的计算半径（cm）；

　　　δ——空气相对密度。

（二）某高压研究所根据电晕理论，提出全面电晕电场强度计算的理论公式

对单导线：$$\delta\ r = \ln\left(1 + \frac{1}{G}\right)\frac{B}{A} \cdot \frac{\delta}{E_0} e^{B\frac{\delta}{E_0}} \qquad (3-32)$$

对双分导线：$$\int_r^\infty A\delta e^{-\frac{B\delta X(X+d)}{E_0 r(2X+d)}} dx = \ln\left(1 + \frac{1}{G}\right) \qquad (3-33)$$

式中　d——分裂距离（cm）；

　A、B——由试验决定的常数，对铝导线 $A = 49400$、$B = 300$；

　　　G——一个游子碰撞导线后能够产生的电子数，G 与导线材料有关，对铝导线 $G = 0.035$。按式（3-31）、式（3-32）计算结果比较如图3-10所示。

　　　X——线路电抗（Ω）。

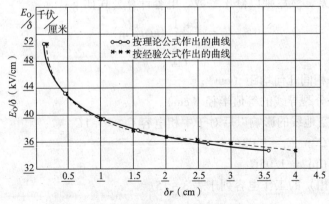

图3-10　E_0 的理论公式与经验公式之比较

当海拔超过1000米时，全面电晕电场强度按下式进行修正。

$$E_0H = \frac{E_0}{1 + 0.1\,(H-1)} \tag{3-34}$$

式中　E_0H——使用地点的全面电晕电场强度（kV/cm）；

　　　E_0——标准状况下相当于海平面气候的全面电晕电场强度（km/cm）；

　　　H——使用地点的海拔高度（km）。

（三）空气相对密度"δ"的换算

空气相对密度"δ"的换算：（1）当气压"P"用毫米水银柱（mmH$_2$O），气温"t"用摄氏度表示时，

则　　　　　　　　　$\delta = \dfrac{0.386P}{273+t}$

（2）当气压"P"用毫巴，气温"t"用摄氏度表示时，

则　　　　　　　　　$\delta = \dfrac{0.289P}{273+t}$

当气压为760mmH$_2$O，空气温度为20℃时，则$\delta=1$，这时相当于海平面气候，通常称为标准状态下的空气相对密度。

我国海拔高度与空气相对密度的关系列于表3-14。

我国空气相对密度与海拔关系（以海平面为1的值）　　　表3-14

海拔高度（m）	全国平均
0	1.0
1000	0.91（陕、甘、青地区0.925）
1500	0.87
2000	0.83
2500	0.80（陕、甘、青地区）
3000	0.75
5000	0.6

三、工作电容的计算

工作电容的计算，需要考虑大地及架空地线的影响，但这样计算太繁，可先不考虑大地及架空地线的因素，然后乘以修正系数。电容计算公式如下：

$$C = \frac{24.1}{\lg \dfrac{D_{pj}}{r_{dzh}}}\,(\mu\mu f/m) \tag{3-35}$$

式中　D_{pj}——相间几何均距（cm）；

　　　r_{dzh}——分裂导线的等值半径（cm）。

考虑大地及架空地线的影响以后对于中相电容 $C_2 = 1.1C$

对于边相电容 $C_1 = C_3 = 1.03C$

对于平均电容 $C_{pj} = 1.05C$

各种导线（中相）的工作电容列于表3-15。

导线型号 电压（kV）	LGJ-95	LGJ-120	LGJ-150	LGJ-185	LGJ-240	LGJ-300	LGJ-400	LGJ-500
110	9.46	9.57	9.80	9.95	10.15	10.36		
220	8.97	9.10	9.30	9.42	9.50	9.71	9.76	10.1
330				10.9	11.3	11.6	12.0	12.3

不同电压下各种导线（中相）的工作电容 μμf/m　　表3-15

注：330kV 为双分裂导线。

四、导线表面最大电场强度"E_M"的计算

对于单导线：

$$E_M = 0.0147 \frac{C\mu}{r} \quad (3-36)$$

对于分裂导线：

$$E_M = K \cdot 0.0147 \frac{C\mu}{nr} \quad (3-37)$$

式中　μ——实际运行的线电压（kV）；

C——工作电容（μμf/m）；

K——分裂导线系数，见式（3-39）；

n——分裂导线根数；

r——导线计算半径（cm）。

在高海拔地区，用于电晕干扰计算中的导线表面最大工作电场强度 E_M，不能简单地用 $\delta^{\frac{2}{3}}$ 或 δ 进行折算。有资料表明有的国家经过试验得出了一系列海拔修正系数"β"的数值。

如：
$$E'_M = E_M/\beta \quad (3-38)$$

式中　E'_M——修正后的导线表面最大工作电场强度；

E_M——导线表面最大工作电场强度（kV/cm）；

β——海拔修正系数。

海拔修正系数"β"值如图3-11所示。

分裂导线系数：

$$K = 1 + \frac{2r}{d}\Psi \quad (3-39)$$

式中，d 为相分裂线间的距离（cm），系数 Ψ 与相分裂线的排列有关，相分裂导线不同排列方式的 Ψ 值如表3-16所示。

相分裂导线不同排列方式的 Ψ 值　　表3-16

排列方式	·	· ·	· · ·	· · · ·	· · · · ·	· · · · · ·
Ψ	0	1	1.73	1.5	2.12	2.35

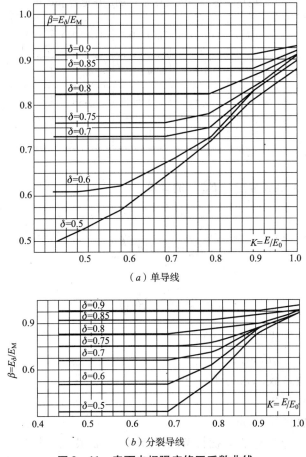

(a) 单导线

(b) 分裂导线

图 3-11 表面电场强度修正系数曲线

五、电晕损失的计算方法

电晕损失的大小与导线表面电场强度、导线表面状况、气象条件、海拔高度等因素有关。目前还未从理论上找到确切的计算方法。通常是依据大量的试验数据为基础,推导出所谓的"经验公式",或者作出通用的计算曲线进行近似计算。具体参见附录五某高压研究所早期研究出的实验数据资料。

第五节 高压架空强电力线路的干扰场强的计算

一、高压架空强电力线路电磁干扰的频谱特性

高压架空强电力线路电磁干扰的频谱特性,一般在 30MHz 以上的电磁波沿线路进行传播是难以进行的,其横向衰减也非常快。一般电力线路都是以 1MHz 频率的场强值为基准。假若 $f=1$MHz 时线路上某点单位长度上干扰场强为 E (dB),从线路开始的一段距离为 x,沿 x 段按 $E^2 \cdot e^{-2\beta x}$ 规律衰减,其线路全长衰减为:

$$E_f^2 = K \int_0^l E^2 e^{-2\beta x} dx = K \frac{E^2}{2\beta} (1 - e^{-2\beta L})$$

当其线路很长时 $e^{-2\beta L} \ll 1$，此时 $E_f^2 = \dfrac{KE^2}{2\beta}$；　　　　$E_f = \dfrac{\sqrt{K}E}{\sqrt{2\beta}}$（dB）　　　　（3-40）

E_f——修正后的场强值（dB），见式（3-43）；

E——$\Delta f = 1\text{MHz}$ 时线路上某点单位长度上的干扰场强（dB）；

β——传播常数，$\beta = \sqrt{f}$；

K——常数，$\sqrt{K} = 1.42 \times 10^{1.5}$。

若传播常数 $\beta = \sqrt{f}$，则可得到：

$$E_f = \frac{\sqrt{K}E}{\sqrt{2}f^{\frac{1}{4}}} \qquad\qquad (3-41)$$

此式为场强值的频率特性。式中 $\sqrt{K} = 1.42 \times 10^{1.5}$，$f$ 的单位为 Hz。

也可以根据下述经验公式推算出其他频率上的数值，即该点频率场强的修正为：

$$\Delta E_f = 20\lg \frac{1.5}{0.5 + f^{1.75}} \qquad\qquad (3-42)$$

其中　f——实际计算频率（MHz）；

ΔE_f——该频率场强的修正值（dB）。

式（3-42）中计算出来的修正值再与后面的式（3-45）相加，就可以得出式（3-43），即场强的频率特性。

$$E_f = E_{20} + \Delta E_f \text{（dB）} \qquad\qquad (3-43)$$

式中　E_{20}——见式（3-45）。

表 3-17 列出了某高压线路电磁干扰频率特性按式（3-41）计算的值。

高压线路电磁干扰频率特性计算值（dB）　　　　　　　　　表 3-17

高压线段	频率（MHz）	0.75	1.0	1.6	2.25	4.0	5.25	7.5	15
110kV	计算值（dB）	52.35	48.9	43.5	39.9	34.6	32.3	29.5	24.8
220kV	计算值（dB）	59.5	55.6	49.2	45.2	39.2	36.6	33.5	28.1

二、高压架空强电力线路电磁干扰场强横向分布特性

高压架空强线路电磁干扰场强横向分布特性在实际工作中是很需要知道的，因为在它的横向往往有电子设备或建立工厂等，需要离开多少距离，可从横向特性知道。横向特性是设定某一频率（如1MHz）时，在线路下方测得的场强基准值或用式（3-45）计算的值，然后用式（3-44）进行计算。

$$E_D = E_{20} - 40\lg \frac{D}{h} \qquad\qquad (3-44)$$

其中　E_{20}——由式（3-45）计算出的值或实测值（dB）；

h——导线悬挂高度（m）；

D——距导线横向距离（m）；

E_D——架空输电线路电磁干扰场强横向特征值（dB）。

用式（3-44）计算出330kV线路和110kV线路在1MHz条件下电磁干扰强度值如表

3 – 18 所示。

110kV、330kV 架空输电线路电磁干扰在 1MHz 条件下场强值横向特征　　表 3 – 18

距离（m） 电压等级	线路下边 （0m）	10	30	50	75	100	150	180	220	250	计算条件
110kV 场强计算值（dB）	45.5	43.9	28.1	19.2	12.2	7.2	0.12	—	—	—	$h_{max}=15m$, $h_{min}=11m$, $d=20mm$
330kV 场强计算值（dB）	50.6	44.2	37.4	28.5	—	16.5	—	6.23	2.75	0.52	$h_{max}=18m$, $h_{min}=14m$, $d=30mm$

上述计算公式可用于进行场强粗略估算。

三、高压架空强电力线路产生的干扰场强的计算

高压架空强电力线路产生的干扰场强的大小，是以距架空电力线路边相导线投影到地面 20m 距离处，以 1MHz 频率来计算无线电干扰场强 E_{20} 的。其计算公式如下：

$$E_{20} = 41 + 4 \ (g_{max} - 15.3) + 40 \lg \frac{d}{2.72} \qquad (3-45)$$

式中　g_{max}——架空电力线导线表面最大电位梯度，$g_{max} = 31S \left(1 + \dfrac{0.308}{\sqrt{S \dfrac{d}{2}}} \right)$，（kV/cm）；

　　　d——单根导线直径（cm）；

　　　S——相对空气密度，$S = \dfrac{3.92p}{273+t}$，其中 p—— 大气压力（cmHg）；t—— 环境温度（℃）。

表 3 – 19 列出现已运行的某些高压输电线路干扰场强计算值与实测值。

现已运行的某些高压输电线路干扰场强计算值与实测值　　表 3 – 19

序号	电压（kV）	导线直径 （mm）	最大表面 电位梯度（kV/cm）	线下无线电干扰场强 dB（μV/m）			实测条件
				长期测量数据	计算值	实际数据 （瞬时值）	
1	220	21.7	13.6	36	30.3	37.5	频率：1MHz 边 相导线投影 至地面 20m 处
2	220	27.2	14.8	38.5 ± 2.7	39.0	44	
3	220	28.2	14.5	35.5 ± 3.8	38.4	36	

第六节　高压架空强电力线路的电场对通信线路影响的计算

一、高压架空强电力线的电场对信息通信线路影响的计算

（一）高压架空强电力线的电场在绝缘通信导线上感应电位近似计算公式

$$V = K_1 V_0 \frac{\displaystyle\sum_{m=1}^{N} \dfrac{\dfrac{L_P H_2 H_1}{d_m^2 + H_2 + H_1}}{L}}{} \ \frac{2}{n+2} gu \qquad (3-46)$$

式中　V——通信导线上感应电位（V）；

　　　V_0——强电力线的电压（即线电压）（V）；

　　　K_1——系数，K_1 的取值原则：当中性点不直接接地的对称三相输电线，一相故障时 $K_1=0.25$；两线一地制输电线正常运行时，$K_1=0.32$，一线一地制输电线正常运行时，$K_1=0.24$，双轨交流电气化铁路接触网正常运行时，$K_1=0.6$；单轨交流电气化铁路接触网正常运行时，$K_1=0.4$；对称单相输电线发生一根导线接地故障时，$K_1=0.2$；

　　　d_m——第 m 个与输电线接近段的平均距离（m）；

　　　H_2——输电线即强电力线的平均悬挂高度（m）；

　　　H_1——通信线悬挂高度（m）；

　　　L——通信线全长度（m）；

　　　L_P——输电线和通信线接近的接近段输电线路长度（m）；

　　　N——通信线和输电线接近的间距不等的斜接近段的数目；

　　　u——输电线路上架空地线的屏蔽系数，有架空地线 $u=0.75$，无架空地线 $u=1$；

　　　g——树木屏蔽系数，有树木 $g=0.75$，无树木 $g=1$；

　　　n——当杆上 m 条通信线中，n 条接地，$(m-n)$ 条对地绝缘。

（二）高压架空强电力线路影响诱发的感应电流（I）的计算

高压架空强电力线影响下，接地通信线内诱生感应电流，导体在电场的作用下，带电粒子在电场方向运动会形成电流。因而，接地通信线在电力线电场的作用下，将诱生感应电流。

感应电流 I 的幅度的近似计算为：

$$I = 2K_2 \frac{V_0 L_P H_2 H_1}{(n+2)(d_m^2 + H_2 + H_1)} \times 10^{-6} \qquad (3-47)$$

式中　I——在通信线内感应电流的幅度（A）；

　　　K_2——系数，K_2 的取值原则：当中性点不直接接地的对称三相输电线发生一相接地故障时，$K_2=0.7$；两线一地制输电线正常运行时，$K_2=0.9$；一线一地制输电线正常运行时，$K_2=0.68$；双轨交流电气化铁路接触网正常运行时，$K_2=1.8$；单轨交流电气化铁路接触网正常运行时，$K_2=1.15$；对称单相输电线发生一根导线接地故障时，$K_2=0.55$；其他符号的意义和式（3-46）中相同。

（三）通信线路与输电线路平行时，通信线路上的感应电流（I）的计算示例

该通信线全长 $L=100$km，悬挂高度 $H_1=8$m，其中接地线数 $n=3$，此通信线路与一条中性点不直接接地的 66kV 三相输电线平行接近，其平行距离为 20m，如图 3-12 所示。输电线的平均悬挂高度 $H_2=13$m，输电线路杆上无架空地线，试计算输电线路发生一相接地故障时，通信线上的感应电流值。

图 3-12　高压输电线和通信线间距示意图

其设定参数：

$K_2 = 0.7$，$n = 3$，$V_0 = 66 \times 10^3 V$，$L_p = 100m$，$d = 20m$，$H_1 = 8m$，$H_2 = 13m$

将上述所有数值代入式（3-47）中有：

$$I = 2 \times 0.7 \frac{66 \times 10^3 \times 100 \times 13 \times 8}{(3+2) \times (20^2 + 13 + 8)} \times 10^{-6}$$

$$= 1.4 \times \frac{686.4 \times 10^6}{2105} \times 10^{-6}$$

$$= 0.4565A$$

说明：三相输电线在正常运行时，各相导线上电位大小相等、相位差120°，其向量和为零。如果通信线与三相输电线间的距离足够远，则可以近似认为输电线的三根相线与通信线的距离都相等，因此，三根相线在通信线上产生的感应电位电流将互相抵消。

二、高压架空强电力线的磁场对信息通信线路的影响

（一）高压架空强电力线路上产生的感应电动势（E_e）的计算

电力线的磁场在通信线路上产生感应电动势，这是因为强电力线上除有电荷产生电场外，还有电流，这个电流将产生磁场，磁场又会在通信线上产生感应电动势。由电磁场理论可知：

$$E_e = 2\pi f M L_p I \tag{3-48}$$

式中　f——输电线的工作频率（Hz）；

M——强电力线和通信线之间单位长度上的互感（H/km）；

L_p——输电线和通信线路的平行接近段长度（km）；

I——强电力线的电流（A）；

E_e——沿通信线路轴向的电动势（V）。

如果通信和输电线分几段平行接近，则可以分段计算，然后求和即可。

（二）高压架空强电力线路的磁场在通信线路上产生的感应电压和感应电流

在强电力线磁场影响下，会在通信线上产生感应电压和感应电流，其表达式为：

$$\dot{V}_1 - K_2 \dot{V}_2 = (\dot{V}_0 - K_2 \dot{V}_2) Ch(\gamma_1\chi) - Z_1(\dot{I}_0 - K_1\dot{I}_2) Sh(\gamma_1\chi) \tag{3-49}$$

$$\dot{I}_1 + K_1\dot{I}_2 = (\dot{I}_0 + K_1\dot{I}_2) Ch(\gamma_1\chi) - \frac{\dot{V}_0 - K_2\dot{V}_2}{Z_1} \cdot sh(\gamma_1\chi) \tag{3-50}$$

式中　$\dot{V}_1$——通信线感应电压复数有效值（V）；

$\dot{I}_1$——通信线感应电流复数有效值（A）；

$\dot{V}_2$——电力线上电压复数有效值（V）；

$\dot{I}_2$——电力线上电流复数有效值（A）；

$\dot{V}_0$——通信线始端电压复数有效值（V）；

$\dot{I}_0$——通信线始端电流复数有效值（A）；

K_1、K_2——系数；

Z_1——通信线的特性阻抗，$Z_1 = \sqrt{\dfrac{R_1 + j\omega L_1}{G_1 + j\omega C_1}}$；

γ_1——传播常数，$\gamma_1 = \sqrt{(R_1 + j\omega L_1)(G_1 + j\omega C_1)}$；

χ——任意一点的坐标值。

$$K_1 = \frac{j\omega M_{12}}{R_1 + j\omega L_1}$$

$$K_2 = \frac{j\omega C_{12}}{G_1 + j\omega C_1}$$

式中　$\omega = 2\pi f$，f 是电力线的工作频率（Hz）；

M_{12}——电力线和通信线之间单位长度互感；

R_1——通信线上单位长度上的电阻；

L_1——通信线上单位长度上的电感。

C_{12}——通信线和电力线之间的电容（F）；

C_1——通信线对地的电容（F）；

G_1——通信线对地绝缘电导（S）。

（三）通信线路和设备对高压架空强电力线路影响的防护

通信线路和设备对高压架空强电力线影响的防护，是防止强电力线所产生的干扰，必须要采取相应的保护措施。采取防护措施的目的是保证通信线路中信息的正常传输，并防止电力线的电压、电流可能对通信线路、通信设备和人员产生危害。在电力线路上抑制干扰的措施和在通信线路上采取的防止干扰的措施分别如图3–13及图3–14所示。

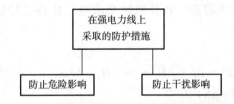

图 3–13　抑制强电力线路干扰的防护措施

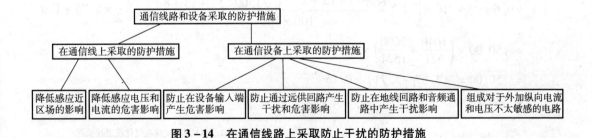

图 3–14　在通信线路上采取防止干扰的防护措施

（四）通信线路与高压架空输电线路平行，通信线路上的感应电位（V）的计算示例

该通信全长 $L = 100\text{km}$，悬挂高度 $H_1 = 8\text{m}$，其中接地线数 $n = 5$，此通信线路与一条中性点不直接接地的 66kV 三相输电线平行接近，如图 3–15 所示。输电线的平均悬挂高度 $H_2 = 13\text{m}$，输电线路杆上无架空地线，计算输电线路发生一相接地故障时，通信线上的感应电位（V）。

其设定参数：

$K_1 = 0.25$，$n = 5$，$V_0 = 66 \times 10^3 \text{V}$，$H_1 = 8\text{m}$，$H_2 = 13\text{m}$，$u = 1$，$g = 0.75$（平行段内有成行树木），

两接近段的接近距离分别为：

$$d_{m1} = \sqrt{20 \times 30} = \sqrt{600}$$

$$d_{m2} = \sqrt{30 \times 50} = \sqrt{1500}$$

将以上数值代入式（3-46）：

$$V = K_1 \times V_0 \frac{\sum\limits_{m=1} \dfrac{L_P \times H_2 \times H_1}{d_m^2 + H_2 + H_1}}{L} \times \frac{2}{n+2} gu$$

$$V = 0.25 \times 66 \times 10^3 \times \left[\frac{\dfrac{(10 \times 10^3) \times 13 \times 8}{(\sqrt{600^2}) + 13 + 8} + \dfrac{(25 \times 10^3) \times 13 \times 8}{(\sqrt{1500^2}) + 13 + 8}}{100 \times 10^3} \right] \times \frac{2}{5+2} \times 0.75 \times 1.0$$

$$= 165 \times \left(\frac{1040}{621} + \frac{2600}{1521} \right) \times 0.214$$

$$= 165 \times (1.67 + 1.71) \times 0.214$$

$$= 119.3\text{V}$$

（五）通信线路与 25kV 双轨交流电气化铁道接触在通信线路的感应电位（V）的计算示例

该通信全长 $L = 100\text{km}$，悬挂高度 $H_1 = 8\text{m}$，通信线都未接地，故 $n = 0$，此通信线和 50Hz、25kV 双轨交流电气化铁道接触平行接近，其平行距离为 20m，接触网高度 $H_2 = 13\text{m}$，无架空地线和成行树木屏蔽，计算双轨交流电气化铁道接触网正常运行时，通信线路的感应电位如图 3-15 所示。

其设定参数：

$K_1 = 0.6$，$n = 0$，$V_0 = 25 \times 10^3 \text{V}$，$H_1 = 8\text{m}$，$H_2 = 13\text{m}$，$u = 0.75$，$g = 1$

将以上数值代入式（3-46）中有：

$$V = 0.6 \times 25 \times 10^3 \times \left[\frac{\dfrac{(10 \times 10^3) \times 13 \times 8}{(\sqrt{600^2}) + 13 + 8} + \dfrac{(25 \times 10^3) \times 13 \times 8}{(\sqrt{1500^2}) + 13 + 8}}{100 \times 10^3} \right] \times \frac{2}{0+2} \times 0.75 \times 1.0$$

$$= 150.00 \times \left(\frac{1040}{621} + \frac{2600}{1521} \right) \times 0.75$$

$$= 150.00 \times (1.67 + 1.71) \times 0.75$$

$$= 380.25\text{V}$$

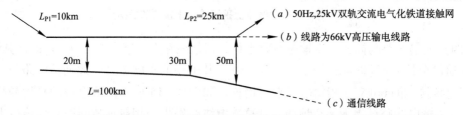

图 3-15　通信线路与 25kV 双轨交流电气化铁道线路及 66kV 输电线路间距示意图

第七节　架空电力线路电磁干扰防护间距的计算

一、架空电力线路电磁干扰防护间距的计算

当高压架空电力线路产生干扰场强的大小及频率特性与其他灵敏电子设备、线路的防护间距未作出规定时，可按下式进行计算：

$$r = 10^{\frac{E - E_s + R}{20} + 0.85} \tag{3-51}$$

式中　r——与架空电力线防护间距（导线边缘投影到地上的距离）（m）；

E——离架空电力线边相导线 20m 处的辐射干扰场强（dB）；

E_s——灵敏电子设备的最低信号场强（dB）；

R——防护率（dB）。

二、架空电力线路电磁干扰防护允许限值

架空电力线路电磁干扰防护允许限值，参见本章第二节所述。

第四章　电磁干扰对地波电磁干扰场强的计算

这里所讲的电磁"干扰对"是指一个电磁干扰源对一个接收器进行的干扰。

本章主要叙述电磁干扰对的天线设备电磁波辐射，分为近区场和远区场。近区场又分为感应近区场和辐射近区场两类，然后对近区场地波电磁干扰对场强进行计算。

第一节　电磁干扰区场的分类及特点

一、区场的分类

场点（观察点）与源点（干扰源所在的点）之间的距离 r 和干扰源的工作波长 λ 的关系表达为：

$r < 0.15915\lambda$ 为感应近区场；

$0.15915\lambda < r < 15.9154\lambda$ 为辐射近区场；

$r > 15.9154\lambda$ 为远区场。

由于电磁兼容性预测与分析的基本工作是电磁干扰的预测与分析。电磁干扰对的场强计算是电磁干扰的预测与分析的基础，上述干扰区场分类是建立和完善辐射干扰源是电磁干扰对场强计算必须遵循的原则。

近区场与远区场的划分只是在电荷电流交变的情况下才能成立。一方面，这种分布在电荷与电流附近的场依然存在，即感应场；另一方面，又出现了一种新的电磁场成分，它脱离了电荷电流并以波的形式向外传播。即是说在交变情况下，电磁场可以看做有两个成分，一个是分布在电荷和电流周围。当距离 r 增大时，它至少以 $1/r^2$ 衰减，这一部分场是依附着电荷电流而存在的，这就是近区场，又称感应场。另一成分是脱离了电荷电流而以波的形式向外传播的场，它一经从场源发射出以后，就按自己的规律运动，而与场源无关了，它按 $1/r$ 衰减，这就是远区场，又称辐射场。

二、感应近区场干扰源及特点

（一）近区场

近区场的作用方式为电磁感应，所以又称作感应场，感应场受场源距离的限制，在感应场内，电磁能量将随着离开场源距离的增大而比较快的衰减。

（二）近区场特点

1. 在近区场内，电场强度 E 与磁场强度 H 的大小并无确定的比例关系。通常情况下，电场强度值比较大，而磁场的强度值则比较小，有时很小，只是在槽路线圈等部位的附近，磁场强度值很大，而电场强度值很小。从整体来看，电压高、电流小的场源（如天线、馈线等），电场强度要比磁场强度大得多；电压低、电流大的场源（如电流线圈），磁场强度又远大于电场强度；

2. 近区场电磁场强度要比远区场电磁场强度大得多，而且近区场电磁场强度比远区场电磁强度衰减速度快；

3. 近区场电磁场感应现象与场源密切相关，近区场不能脱离场源而独立存在；

4. 由电磁场理论可知：感应近区场呈准静态场，电磁能量只在源和电磁场之间不断的交换和震荡，完全被源所束缚。但是这种场仍能以电磁感应的方式，将电磁能量施加于附近的接收器设备。由此引起的电磁干扰有时将是十分严重的。感应近区场的特点应服从于静态场的特点，其表现主要有：

1）场为一次源，即电场是由电荷产生的，磁场是由电流产生的，电场和磁场是互为独立的，可以分别加以说明；

2）电场和磁场都和距离的平方成反比，因此近区场衰减比远区场快；

3）在传播方向上不是横电磁场，且在传播方向上有场分量；

4）波阻抗是时间和位置的函数，不是常数；

5）感应近区的计算方法也应服从于静态场的计算方法。

（三）感应近区场干扰源

1. 当 $r < 0.15915\lambda$ 时为感应近区场。对于电磁干扰有意义的是强电磁场的计算。电场强度在 $10V/m$ 以上、磁场强度在 $1A/m$ 以上、功率密度在 $50\mu W/cm^2$ 以上的电磁场称为强场；

2. 电场强度在 $1V/m$ 以下、磁场强度在 $1mA/m$ 以下，功率密度为 $1\mu W/cm^2$ 以下的电磁场称为弱场。强场和弱场之间称为中强场；

3. 产生强场的源有高频感应加热设备、高频电焊机、高频淬火机、高压输电线等。其中高压输电线是干扰最广的源。凡是高压输电线路都将引起低频电磁环境的日益恶化；

4. 强电力线包括：三相三线制中性点直接接地方式和三相三线制中性点不直接接地方式的各种高压架空输电线；$3 \sim 10kV$ 的高压架空配电线路和线电压为 $380V$ 的用户配电网；供电为单相制 $25kV$ 的交流电气化铁道接触网以铁轨回归导体的不对称强电力线。

（四）感应近区场场强的计算

感应近区场电磁干扰对场强的计算见本章第三节及第三章的相关部分。

三、辐射近区场干扰源

当 $0.15915\lambda < r < 15.9154\lambda$ 时为辐射近区场。干扰源的工作频率为 $100kHz$ 以下时，近区场以感应近区场为主，频率为 $100kHz$ 以上时同时出现感应近区场和辐射近区场。随着干扰源频率的升高，感应近区场范围逐渐缩小，到微波波段，感应近区场不予考虑，而主要考虑辐射近区场。

（一）强辐射近区场干扰源

1. 超长波，长波和中波发射设备：这个波段（$30Hz \sim 3000kHz$）在传播过程中，大地对电磁波的能量有较大的吸收。另外，由于波长较长，很难实现强方向性天线，因此，为了在接收点有足够大的场强，必须使用大功率。例如，kW 级或 MW 级。这样就使得辐射的近区场有很强的电磁干扰；

2. 无线电广播电台：无线电广播电台为使远距离传播，并使四面八方的人都收到广播，就得采用大功率发射。因此，在天线附近区域有相当大的场强，从而造成的辐射近区干扰相当严重；

3. 为提高雷达的作用距离，就得提高接收机灵敏度，增大天线的增益和提高发射机的功率，这将在辐射近区场造成较强的电磁干扰；

4. 大功率的微波加热及干燥设备：利用微波能烘干粮食，烟草等，这些都是微波大功率发射，会使辐射近区场有较强的电磁干扰；

5. ISM（工业、科学、医疗）射频设备：在工作的同时，还会产生无用的电磁辐射，其中包括较强的辐射近区场。由于这类设备大多数都存在频率不稳定的情况。其瞬时频率特性可能变化几千赫兹，因而它所产生的干扰频谱很宽；

6. 信息技术设备主要产生多重周期的二进制脉冲干扰，它可经电源线、信号线或其他导线传输，也可直接辐射至灵敏设备造成电磁干扰。

至于辐射近区场的性质和计算方法应在感应场和远区场之间，但类似于辐射场辐射的基本特征。

（二）辐射近区场场强的计算

辐射近区场电磁干扰对场强的计算见本章第三节及第三章相关部分。

四、远区场干扰源及特点

当 $r > 15.9154\lambda$ 时为远区场，即辐射场。电磁波能够辐射到远区场只有经过专门设计的天线设备才能辐射远区场。其他设备在一般情况下难以做到。本节主要叙述一种特定标准天线设备电磁波辐射远区场的干扰计算问题。

（一）远区场的特点

1. 远区场

相对于近区场而言，在一个波长之外的区域称远区场。它以辐射状态出现，所以也称辐射场。远区场已脱离了场源而按自己的规律运动。远区场电磁辐射强度衰减比近区场要缓慢。

2. 远区场的特点

（1）远区场以辐射形式存在，电场强度与磁场强度之间存在固定关系。

即
$$E = \sqrt{\mu_0/\varepsilon_0}H = 120\pi H \approx 377H;$$

（2）E 与 H 互相垂直，而且又都与传播方向垂直；

（3）电磁波在真空中的传播速度为：$v = 1/\sqrt{\mu_0\varepsilon_0} \approx 3 \times 10^8 \text{m/s}$；

（4）远区场的特点和计算与感应近区场的特点和计算方法不同。远区场是辐射场，其特点是：场是二次源，即电场由变化电荷与变化的磁场共同产生，磁场由变化的电流和变化的电场共同产生，电场和磁场不是互为独立的，而是互为源。知道二者之一，便可求出另一个，如上式所示。若知道电场的大小，则电场强度除以 120π 就是磁场强度的大小。所以波阻抗是常数，其值为 120π；

（5）场衰减慢，因为场强和距离成反比，而不是和距离的平方成反比；

（6）场结构简单，在垂直于传播方向的平面上场的大小、方向和相位是相同的，没有传播方向分量，为横电磁场；

（7）计算方法应服从于辐射场的计算方法。

（二）远区场场强的计算

远区场电磁干扰场强的计算参见第六章相关部分。

第二节　干扰方位角、天线波束方向性、方向性系数、天线增益系数的计算

在无线电波进行信号传播和能量传输的系统中，天线是重要的组成部分，一般的天线应用中，接收天线基本上是处在发射天线远区，在电磁兼容设计中主要关注的是远场区天线的参数，主要有干扰方位角、天线波束方向性、方向性系数及天线的增益系数。

天线的方向性是指在远区相应距离的条件下，天线辐射特性与空间方向的关系。天线的方向性可以用天线的方向函数和方向图来描述，天线的方向函数是描写天线辐射特性在空间的相对分布情况的数学方式来表示，方向图则是用图解的方式来表示。

由于方向函数不可能直观的反映天线的方向性，因此，人们将方向函数绘制成图形，天线方向图是一个三维空间的分布图形，如第二章图 2-10（a）所示。天线的方向性可以用方向函数或方向图表示。

一、干扰方位角的计算

首先计算干扰源和接收器的相互的方位角度，以及确定它们相偏离对方天线主波束轴的角度。

干扰源天线和接收器天线相互处的水平方位角，可利用式（4-2）和图 4-1 以及式（4-3）进行计算。

（1）求 A、B 大圆距离。知道 A、B 点的经纬度。

如图 4-1 所示 A 为辐射干扰源所在位置，B 为接收器所在位置，C 为地球北极点。球面三角形的余弦定理为：

$$cosc = \cos a \cos b + \sin a \sin b \cos\beta \tag{4-1}$$

式中　$a = 90° - B$ 的纬度；$b = 90° - A$ 的纬度；$\beta = B$ 的经度 $-A$ 的经度；

　　　　c——干扰发射天线和被干扰接收天线之间的弧度，用角度表示。

$$c = \arccos (\cos a \cos b + \sin a \sin b \cos\beta) \tag{4-2}$$

式中　b——干扰发射天线到地球北极点的弧段；

　　　　a——被干扰接收天线到地球北极点的弧段；

　　　　β——干扰发射天线和被干扰接收天线到北极点连线之间的夹角（经度差）。

（2）$\widehat{AB}$ 弧长近似为：

$$\widehat{AB} \approx d = (2\pi R/360°) c \tag{4-3}$$

式中　R——地球半径，$R = 6371.23 km$；

　　　　c——A 到 B 的弧度；

　　　　d——即辐射干扰源到接收器沿地球的距离（km）。

（3）计算被干扰接收天线处和干扰源发射天线的方位角

$$\varphi_1 = \arcsin(\sin a \sin \beta / \sin c) \qquad (4-4)$$

$$\varphi_2 = \arcsin(\sin b \sin \beta / \sin c)$$

式中 φ_1——被干扰接收天线处，在干扰发射天线的方位角；

φ_2——干扰发射天线处，在被干扰接收天线的方位角。

式中 c、a、b、β 同式（4-1）~式（4-3）。

图 4-2 为干扰天线和被干扰天线互相偏离天线主波束轴的角度。

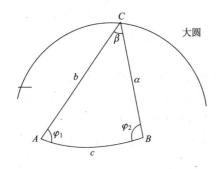

图 4-1 方位角计算图

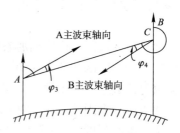

图 4-2 干扰天线和被干扰天线互相偏离
天线主播束轴的角度

图 4-2 中：

A——为干扰设备；

B——为被干扰设备；

φ_3——被干扰设备天线偏离干扰设备天线主波束轴水平方位角度；

φ_4——干扰设备天线偏离被干扰设备天线主波束轴水平方位角度。

二、天线波束方向性、方向图参数和方向性系数

作为有用的通信，发射天线主轴的方向一般是对着接收天线的主轴方向。因为只有这样才能获得好的效果。为防止干扰，发射天线主轴方向一般不对着接收天线的主轴方向。因而对天线波束方向性、方向性系数及方位增益的计算就显得非常重要了。方向性系数是指天线波束非主轴方向上的方向性系数。方位增益是指天线波束非主轴方向上的增益。

（一）方向性

根据电磁场互易原理，用同一副天线既作发射天线或作接收天线时，它的主要电参数是相同的，只是含义有所不同。下面仅叙述发射天线的电参数。

天线的辐射功率在不同的方向是不同的，有些方向大，有些方向小。所谓方向性，就是在相同距离的条件下天线辐射场的相对值与空间方向的关系。在球坐标系统中空间方向决定方位角 φ 和子午线角 θ，如图 4-3 球坐标系统所示。

前面第二章第六节中介绍了基本辐射元的方向性，

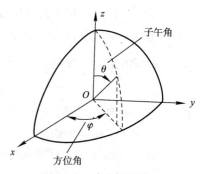

图 4-3 球坐标系统

由基本元所辐射出去的电磁波虽然是一球面波，却不是均匀球面波，在某些方向强，在某些方向弱。为了分析和对比方便，人们将理想点源认为是无方向性天线，即它在各个方向相同距离处产生的场的大小是相等的。

天线的方向函数 $f(\theta,\varphi)$ 就是辐射场电场表达式中与方向 (θ,φ) 有关的函数，将方向函数用曲线描绘出来，称之为方向图或方向性曲线。变化 θ 及 φ 得出的方向图是空间方向图，也称为立体辐射方向图，如第二章图 2-10（a）所示。为了方便，通常采用通过天线最大辐射方向的两个相互垂直的平面方向图。对于架设在地面的天线，常采用以下两个特殊平面上的方向图：

1. 水平面方向图，是指仰角（射线与地面的夹角）为某常数时，场强随水平方位角变化的图形；

2. 垂直面方向图，是指方位角为常数，场强随仰角变化的图形，对于超高频天线常用 E 面和 H 面。E 面为最大辐射方向和电场所在的平面，H 面为最大辐射方向和磁场所在的平面。在线天线中，子午面为 E 面，赤道面为 H 面。例如：电基本振子的赤道平面是 H 面，子午平面就是 E 面。

（二）方向图参数

为了更精确地反映方向图的结构以及天线的方向性，于是定义了一些方向图参数。

方向图表明天线辐射的电磁能量在空间方向的分布状况及辐射场强（或功率）大小在空间的分布图。方向图参数是定量描述方向图特征的参数。

若天线的方向图只有一个强的辐射区，我们称之为主波束（或主瓣）。与主波束分离的区域辐射均较弱，称之为副波束（或副瓣）。则天线的方向性能就可以用两个主平面（E 面和 H 面）内的方向图参数所示见图 4-4（b）。

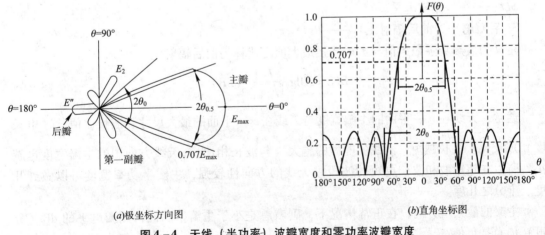

(a)极坐标方向图　　(b)直角坐标图

图 4-4 天线（半功率）波瓣宽度和零功率波瓣宽度

设天线最强辐射方向为 $\theta=0°$ 其余方向用 θ 表示。

对于强方向性天线，其方向图可能包含多个波瓣，它们分别被称为主瓣、副瓣和后瓣。下面分别介绍它们。

1. 主瓣

主瓣是包含最大辐射方向的波，主瓣集中了天线辐射功率的主要部分。主瓣的宽度对天线的方向性的强弱具有更直接的影响。通常用两个主平面内的主瓣的宽度来表示。主瓣最大辐射方向两侧，场强为最大场强的 0.707 倍时，即功率密度为最大辐射方向上功率密度之半的两点间的夹角，称为半功率点波瓣宽度，用 $2\theta_{0.5}$ 来表示。主瓣最大方向两侧，第一个零辐射方向间的夹角，称为零点波瓣宽度，用 $2\theta_0$ 表示。通常还在下标中加 E 或 H 来表示 E 面或 H 面的波瓣宽度。如 $2\theta_{0.5E}$ 为 E 面主瓣的半功率波瓣宽度。图 4-4（a）及图 4-4（b）为在极坐标和直角坐标中的场强方向图，图中分别标出了它们的半功率点和零点波瓣宽度。由于电基本振子的归一化方向函数为 $\sin\theta$，故其半功率波瓣宽度为 90°，零功率波瓣宽度为 180°。

2. 副瓣电平——SLL

副瓣代表天线在不需要的方向上的辐射或接收。一般来说，希望它们的幅度越小越好。波瓣宽度仅能衡量主瓣的尖锐程度，波瓣宽度愈小，方向图愈尖锐，表示天线辐射愈集中。天线不仅有主波束还有副波束，为了衡量副瓣的大小，以主瓣最大值（$P_{\max}$ 或 $E_{\max}$）为基准，通常把副瓣最大辐射方向上的功率密度与主瓣最大辐射方向上的功率密度之比（或相应场强平方之比），即将副瓣最大方向的场强 E_2 或功率 P_2 小于主瓣最大值的分贝数称为副瓣电平，故有如下定义：

副瓣电平是指最大副瓣的最大值与主瓣最大值之比。

$$\left.\begin{array}{c} SLL = 10\lg\dfrac{P_2}{P_{\max}} \\[2mm] SLL = 20\lg\dfrac{|E_2|}{|E|_{\max}} \end{array}\right\} \qquad (4-5)$$

副瓣越小，副瓣分散功率越小。

SLL——第一副瓣电平。

3. 后瓣电平（前后辐射比）——BLL

定义为后瓣场强最大值与主瓣场强最大值之比称为前后辐射比。

$$BLL = 20\lg\frac{|E''|}{|E|_{\max}} \quad (\text{dB}) \qquad (4-6)$$

通常，天线在某一平面的主瓣宽度与天线在这一平面的最大尺寸和波长比值 $\dfrac{L}{\lambda}$（电长度）成反比。波长越短，天线就能做的越大（与波长相比），天线方向图的主瓣宽度也越小。所以在超短波和波长更短的波段内天线的方向性较强，主瓣半功率宽度可以做到几度、十分之几度。

主瓣的最大值方向，在正常情况下，副瓣总是小于主瓣，因此，副瓣电平的 dB（分贝）值总是负值。

4. 天线防护度

天线在它正前方的与正后方的辐射强度之比"前后比"，或"反向防护度"（或简称"防护度"），通常均以 dB（分贝）值表示。

（三）方向性系数

1. 天线的方向性可以用方向函数或方向图表示。但是，为了精确地表示某一天线的方向性，或对不同天线的方向性进行比较，从而引出一个更精确的数量参数。这个参数就是方向性系数或增益系数。比较需要一个标准，通常以理想点源天线作为比较标准。理想点源天线是无方向的；也就是说它在空间各方向的辐射强度是相等的。方向图被认为是一个球面，这样的天线在实际中是难实现的。

2. 方向性系数的定义

方向性系数经常是指其在最大辐射方向上的方向性系数。设被研究天线和作为参考的无方向性天线的辐射功率分别为 P_r 和 P_{ro}，则被研究天线的方向性系数 D 定义为当辐射功率 $P_r = P_{ro}$ 时，被研究天线在最大辐射方向上的功率密度 S_{max}，场强 E_{max} 的平方和辐射强度 U_{max} 和无方向天线（且其效率为 100%），在同一距离处相对应的值（功率密度 S_0，场强 E_0 的平方和辐射强度 U_0）的比值，被称为该天线的方向性系数：

$$D = D_{max} = \frac{S_{max}}{S_0}\bigg|_{P_r = P_{ro}} = \frac{|E_{max}|^2}{|E_0|^2}\bigg|_{P_r = P_{ro}} = \frac{U_{max}}{U_0}\bigg|_{P_r = P_{ro}} \qquad (4-7)$$

因为无方向性天线在空间所有方向上具有相同的辐射，而被研究的天线通常在空间各方向上具有不均匀的辐射分布。后者在它的最大辐射方向所产生的功率密度，要比前者强得多。其实总的辐射功率固定时，天线在某些方向（包括最大辐射方向）上辐射功率密度的增加，必然伴随其他一些方向上辐射功率密度的减少。天线的方向性越强，辐射就越集中，在它的最大辐射方向上所产生的场强比无方向性天线产生的场强更强。反之，若要求在同一点产生的接收场强相同，则强方向性天线所要的辐射功率就比无方向性天线要小得多。因而，天线的方向性系数也可定义为：当同一接收点（位于被研究天线的最大辐射方向）上辐射功率密度或场强相同时，参考天线与被研究天线的辐射功率之比，即

$$D = D_{max} = \frac{P_{ro}}{P_r}\bigg|_{|E_{max}| = |E_0|} \qquad (4-8)$$

式（4-7）和式（4-8）是方向系数的两种不同定义的表达式。两种定义的方式虽然不同，但最后所得的方向性系数的值却是相同的。

1）方向性系数对最大辐射方向空间场强的影响。

无方向性点源在空间的辐射功率密度由于 $P_r = P_{ro}$ 在球面上均匀分布，且其效率为 100%，故同一距离处的功率密度 S_0 为

$$S_0 = \frac{P_{ro}}{4\pi r^2} \qquad (4-9)$$

在远区，其辐射功率密度可由远区场计算为

$$S_0 = \frac{1}{2}E_0 H_0^* = \frac{1}{2}|E_0||H_0|e_r = \frac{|E_0|^2}{240\pi}e_r \qquad (4-10)$$

由式（4-9）和式（4-10）可得点源的空间辐射场为 $|E_0| = \dfrac{\sqrt{60P_{ro}}}{r}$ $\qquad (4-11a)$

若 $P_{ro} = P_r$，　　　则有　　　$|E_0| = \dfrac{\sqrt{60P_r}}{r}$ $\qquad (4-11b)$

将式（4-11b）代入式（4-7）得

$$D = D_{max} = \frac{|E_{max}|^2}{|E_0|^2}\bigg|_{P_r = P_{ro}} = \frac{r^2|E_{max}|^2}{60P_r} \qquad (4-12)$$

由式（4-12）可得 $|E_{max}| = \dfrac{\sqrt{60DP_r}}{r}$ (4-13)

此为方向性系数为 D 的天线在最大方向的辐射场强。

将式（4-13）与式（4-11a）进行对比，可知方向性系数为 D 的天线在最大辐射方向上的场强是无方向点源的 $\sqrt{D}$ 倍，功率密度（或辐射强度）是无方向性点源的 D 倍。

2）应用式（4-8）推出方向性系数的计算公式

由方向函数的定义：$E(r, \theta, \varphi) = \dfrac{60I}{r} f(\theta, \varphi) e^{-jkr}$ 可得天线的远区场方向表达式（4-14），式中 $f(\theta, \varphi)$ 为磁强方向函数，它与距离 r 和天线电流 I 无关。

$$|E_{max}| = \frac{60I}{r}|f_{max}|$$ (4-14)

将式（4-14）代入式（4-12）可得

$$D = \frac{r^2|E_{max}|^2}{60P_r} = \frac{|I|^2 60|f_{max}|^2}{P_r} = \frac{120|f_{max}|^2}{R_r}$$ (4-15)

可见由辐射电阻 R_r 和方向函数的最大值也可以计算得到天线的方向性系数。

若不特别说明，天线的方向系数一般是指其在最大辐射方向上的方向系数，天线在空间某方向 (θ, φ) 上的方向系数为

$$D(\theta, \varphi) = \frac{|E(\theta, \varphi)|^2}{|E_0|^2}\Bigg|_{P_r = P_{r0}} = \frac{|E_{max}|^2}{|E_0|^2}F^2(\theta, \varphi)\Bigg|_{P_r = P_{r0}} = DF^2(\theta, \varphi)$$ (4-16)

3）不同的天线方向系数大不相同，简单的线式天线，方向系数一般在 10 以下，短波定向天线的方向性系数可达几百，微波波段大口径抛物面天线的方向性系数可达几千，几万或更高。各种天线的方位方向性系数可参见相关文献。

三、天线的增益系数

（一）天线增益系数的定义

方向性系数是以辐射功率相等为条件定义的。它只考虑了天线的方向性和辐射功率，而没有考虑天线的效率。天线的增益系数就是反映天线效率的方向性参数，方位增益是指天线波束非主轴方向上的增益。

当被应用天线（以下简称天线）与理想点源天线（即无方向性点源天线）的输入功率分别为 P_{in} 和 P_{in0}，则天线的增益系数 G 的定义为：当输入功率 $P_{in} = P_{in0}$ 时，天线在它的最大辐射方向上产生的辐射功率密度 S_{max} 或辐射场模值 E_{max} 的平方值或辐射强度 U_{max} 与理想点源天线（无方向性天线）在该处（同一点相对应处）产生的功率密度 S_0 或辐射场模值 E_0 的平方值或辐射强度 U_0 之比，则被称之为该天线的增益系数：

$$G = G_{max} = \frac{S_{max}}{S_0}\Bigg|_{P_{in} = P_{in0}} = \frac{|E_{max}|^2}{|E_0|^2}\Bigg|_{P_{in} = p_{in0}} = \frac{U_{max}}{U_0}\Bigg|_{P_{in} = P_{ino}}$$ (4-17)

增益系数也可定义为：当被研究天线在其最大辐射方向产生的场强和无方向性点源天线在同一点产生的场强相同时，无方向点源天线在输入功率和被研究天线的输入功率之比，即

$$G = G_{\max} = \frac{P_{\text{in0}}}{P_{\text{in}}}\bigg|_{|E_{\max}| = |E_0|} \quad (4-18)$$

式（4-17）和式（4-18）以不同的方式给出了增益系数的定义，两者定义方式虽然不同，但所得的增益值是相同的。增益值也经常用分贝表示为

$$G = 10\lg G$$

以上两个定义是等效的，但无论哪一个定义，均需满足：

（1）观察点与天线理想点源等距离；

（2）无方向性天线是理想的，即效率等于1，并位于自由空间。

增益系数 G 是综合衡量天线能量转换和方向性的参量。如果不特别说明，增益系数 G 均指最大辐射方向的增益系数。

（二）增益系数和方向性系数之间的关系

已知被研究天线的辐射功率和输入功率的关系为：

$$P_r = \eta_A P_{\text{in}}$$

可得

$$P_{\text{in}} = \frac{P_r}{\eta_A} \quad (4-19)$$

对于点源天线，设其 $\eta_A = 1$，可得

$$P_{\text{ino}} = P_{\text{ro}} \quad (4-20)$$

则

$$G = \frac{P_{\text{in0}}}{P_{\text{in}}}\bigg|_{|E_{\max}| = |E_0|} = \frac{P_{\text{ro}}}{P_r}\bigg|_{|E_{\max}| = |E_0|} n_A = D n_A \quad (4-21)$$

即

$$G = D n_A \quad (4-22)$$

从上述所知增益系数是方向系数与辐射效率的乘积。一个天线如果其方向系数很大，但辐射效率很低，则其增益仍然很低。以上所定义的增益是指天线在最大辐射方向上的增益，一般情况下，天线的增益就是指其在最大辐射方向上的增益。天线在任意方向（θ，φ）的增益为

$$G(\theta, \varphi) = \frac{S(\theta, \varphi)}{S_0}\bigg|_{P_{\text{in}} = P_{\text{ino}}} = \frac{|E(\theta, \varphi)|^2}{|E_0|^2}\bigg|_{P_{\text{in}} = P_{\text{in0}}}$$

将 $|E(\theta, \varphi)| = |E_{\max}||F(\theta, \varphi)|$ 代入上式得

$$G(\theta, \varphi) = \frac{S(\theta, \varphi)}{S_0}\bigg|_{P_{\text{in}} = P_{\text{in0}}} = \frac{|E_{\max}|^2}{|E_0|^2}|F(\theta, \varphi)|^2\bigg|_{P_{\text{in}} = P_{\text{in0}}} = G|F(\theta, \varphi)|^2 \quad (4-23)$$

由此可见，天线在（θ，φ）方向的增益等于天线在最大辐射方向的增益与天线的归一化场强方向函数的平方的乘积。

增益经常用它的相对值来表示，相对增益 ε 的定义为天线的增益与标准天线的增益的比值，用式（4-24）表示：

$$\varepsilon = \frac{\eta_A D}{D_s} \quad (4-24)$$

式中，D_s 为标准天线的方向性系数，设标准天线的效率为1，其方向性系数与其增益相等。

（三）常用天线的增益

1. 在超短波、微波波段常用无方向性点源天线为标准天线，其方向系数 $D_S = 1$，则相对增益为 $\varepsilon = \eta_A D = G$，其分贝值为 ε（dBi）$= 10\lg(\eta_A D)$，此时，分贝的单位用 dBi 来表示，以表示标准天线为无方向性的点源天线的相对增益。

2. 在短波波段，常取半波对称振子为标准天线，其方向系数 $D_S = 1.64\text{dB}$ 或 2.15dB，则相对增益为 $G_h = \varepsilon = \dfrac{\eta_A D}{D_{\lambda/2}} = \dfrac{\eta_A D}{1.64}$，分贝值表示为 G_h（dBd）$= 10\lg\left(\dfrac{\eta_A D}{1.64}\right) = 10\lg(\eta_A D) - 2.15$。此时，分贝的单位用 dBd 来表示，以表示是标准天线为半波对称振子的相对增益。从 dB、dBi 和 dBd 的定义中可以看出，dB 与 dBi 相等，dBd 等于 dBi 或 dB 减去 2.15dB，如对于一个 6.1dB 的天线，它的增益可以写成 $G = 6.1\text{dB} = 6.1\text{dBi} = 3.95\text{dBd}$（$6.1 - 2.15 = 3.95\text{dBd}$）。

3. 最后必须指出，每一种天线都有自己的辐射特征，计算干扰就是把被干扰设备天线和干扰设备天线辐射波束的特性计算出来，取其需要方向上的方向性系数和增益。天线的种类很多，不可能把每一种天线辐射的波束方位方向性系数和方位增益的计算都一一叙述。各种天线的增益系数计算可参见相关文献。

第三节　电磁辐射近区场地波（长、中波及短波）电磁干扰对场强计算

一、概述

根据《环境电磁波卫生标准》GB9175 – 88 电磁波的波段划分，频率在 100 ~ 300kHz 之间的电波叫做长波，这个波段的电波传播主要是沿地表的绕射传播，从图 4 – 5 可知，地波发射天线位于地面上，无线电波沿地表面传播，这种传播方式又称作地表面波传播。从低频段到高频段（近距离）都可采取图 4 – 5 地波传播的传播方式。

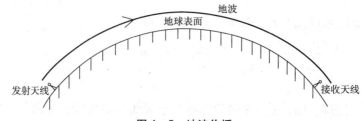

图 4 – 5　地波传播

本节所述地波干扰对场强的计算，包括长、中波及短波的干扰对场强的计算。如前所叙，当 $0.15915\lambda < r < 15.9154\lambda$ 时，为辐射近区场。干扰频率为 100kHz 以下时近区场以感应近区场为主，干扰源频率为 100kHz 以上时同时出现感应近区场和辐射

近区场。随着干扰源频率的升高,感应近区场范围逐渐缩小,到微波波段,感应近区场将不予考虑,而主要考虑辐射近区场,对于辐射近区场的干扰源的种类见本章第一节项三。

二、地波的传播

(一)地波的传播特性

1. 地表面电波的传播是指无线电波沿地球表面传播的电波,当天线架于地面上很低(天线架设高度比波长小得多)时,其最大的辐射方向沿着地球表面,这时主要是地面波传播。这种传播方式信号稳定,没有多径效应,基本不受气象条件的影响,但随着电波频率的提高,传输损耗迅速增加,因此这种传播方式用于长、中波和超长波传播。且由于电波是紧靠着地面传播,因而地面的性质、地貌、地物等的情况都会影响电波传播。但由于大地的电特性及地貌地物等并不随时间很快的发生变化,并且基本上不受气候条件的影响,特别是无多径传输现象,因而地波传播信号稳定;

2. 由于地球表面是球状,会使沿地球表面传播的电波发生绕射,但只有当电波波长超过障碍物高度或与其相当,才具有绕射作用。因此在实际当中,只有长波、中波及短波低端(频率较低的部分)能够绕射到地面较远的地方。长波绕射能力最强,中波次之。对于短波的高端(频率较高的部分)及超短波,因为障碍物高度大于波长 λ,因而绕射能力较弱(即损耗很大);

3. 由于长、中波和超长波的波长很长,传输损耗小,故用作远距离通信。主要应用远距离无线电导航,标准频率和时间信号的广播,对潜通信,地波超视距离雷达等专业。长、中波和超长波还适用于地下或水下电波传播;

4. 地波传播的主要缺点是大气噪声电平高,工作频带窄。

(二)地波传播损耗

实验证明,地波沿地球表面绕射的能力是随着频率的升高而逐渐降低的,只有达到150MHz以上,它的绕射才可以忽略不计。所以地波损耗应包括长波、中波、短波和超短波低端的地波传播损耗。

地波在传输的通道中,地球的表面可能是大海、洋面、江河,也可能是陆地、湖泊、山丘、平原、沙漠,也可能是其他的地貌地形。由于地表地质大不相同,各种地质电导率大不相同,因而电波传播的能量损耗的大小也不同,例如山地、沙漠是不良导电物质。同时,地球曲率对电波传播的能量损耗也是有影响的。

上述传输通道遇到的可能情况主要是对通信而言的,而作为工业企业及民用智能建筑电磁兼容干扰场强计算应按传输路径的实际情况而定,一般距离都较短,按干地(陆地)地面考虑即可。

地波传播损耗的计算见式(4-30)。

三、长、中波及短波电磁干扰场强计算

地波(长、中波及短波)电磁干扰场强计算,当前主要依据仍是国家标准《环境电磁波卫生标准》GB 9157—1988,该标准适用于一切人群经常居住和活动场所的环境电磁辐射,但不包括职业辐射和射频、微波治疗需要的辐射。

本规范适用于开放辐射源所产生的环境电磁波，其频率覆盖范围：长波（100 ~ 300kHz）、中波（300kHz ~ 3MHz）、短波（3MHz ~ 30MHz）、超短波（30MHz ~ 300MHz）及微波（300MHz ~ 300GHz）。此处的微波指雷达。

（一）场强计算公式说明

按公式计算，主要供新建广播电台、电视台、雷达站、地面卫星站选择和建立卫生防护带作业的根据。超短波及微波电磁干扰场强的计算亦可参见第五章第四节、第五节式（4 - 25）~ 式（4 - 28）、式（4 - 30）~ 式（4 - 32）系 GB 9157 - 1988 提出的计算公式。

（二）长波、中波（垂直极化波）电磁干扰场强的计算

长波、中波电磁干扰场强的计算见式（4 - 25）、式（4 - 30）和式（4 - 31），这些公式仅用于垂直极化波计算。

$$E = \frac{300 \sqrt{P \cdot G}}{r} \cdot L \quad (\text{mV/m}) \tag{4-25}$$

式中 L 见式（4 - 30）和式（4 - 31）。

（三）短波（水平极化波）电磁干扰场强的计算

短波电磁干扰场强的计算见式（4 - 26）、式（4 - 30）和式（4 - 32），此组公式仅用于短波水平极化波的计算。

$$E = \frac{300 \sqrt{P \cdot G}}{r} \cdot L \quad (\text{mV/m}) \tag{4-26}$$

式中 L 见式（4 - 30）和式（4 - 32），垂直极化波、水平极化波的含义参见第二章第四节。

上式（4 - 25）及式（4 - 26）中：P——发射机功率（kW）；

　　　　　　　　　　　　r——被测点与发射天线的距离（km）；

　　　　　　　　　　　　G——相对于接地基本振子的天线增益（dB）；

　　　　　　　　　　　　L——地面的衰减系数（电波传播损耗）。

（四）电视、调频超短波干扰场强的计算

$$E = 2 \times \frac{222 \sqrt{P \cdot G}}{r} \cdot F(\theta) \tag{4-27}$$

式中　P——发射机功率（kW）；

　　　G——相对于半波偶极子的天线增益（dB）；

　　　r——被测点与发射天线的距离（km）；

$F(\theta)$——天线垂直方向性函数（视天线型式和层数而异）。

（五）雷达等微波功率密度 S 计算公式

$$S = \frac{\bar{P} \cdot G}{4\pi r^2} \times 100 \quad (\mu\text{W/cm}^2) \tag{4-28}$$

式中　$\bar{P}$——发射机平均功率（W）；

　　　G——天线增益（dB）；

　　　r——天线与被测点距离（m）。

（六）电场强度与功率密度计量单位的换算

电场强度与功率密度在远区场中的换算公式：

$$S = \frac{E^2}{377}$$

$$E = \sqrt{S \times 377}$$

式中 S——功率密度（W/m^2）；

E——电场强度（V/m）。

（七）地波的传播损耗计算

可用于长波、中波及短波的地波干扰场强的计算，分为极限距离之内和极限距离之外的干扰场强的计算。如果距离在极限范围之外，就必须考虑球形地面对电波传输的影响，对于工业企业及民用智能建筑电磁兼容设计场强的计算，确定防护间时，多数都是在极限距离之内。

1. 极限距离判别的标准

地波传播损耗的计算，首先要判别辐射干扰源和接收器之间的距离是在极限距离之内，还是在极限距离之外，然后借助实验曲线换算。极限距离的判别可按式（4-29）进行计算：

$$d_o = \frac{80}{\sqrt[3]{f}} \tag{4-29}$$

式中 d_o——极限作用距离（km）；

f——辐射干扰源的频率（MHz）。

2. 极限距离之内的传播损耗计算

（1）长波、中波极限距离之内地表面波干扰场强的计算公式见式（4-25）。传播损耗计算按式（4-30）和式（4-31）。

式中 L 值如下：

$$L = 1.41 \frac{2 + 0.3X}{2 + X + 0.6X^2} \tag{4-30}$$

式（4-30）中，X 为参量距离，垂直极化波的参量距离可由式（4-31）计算：

$$X = \frac{\pi r}{\lambda} \times \frac{\sqrt{(\varepsilon - 1)^2 + (60\lambda\sigma)^2}}{\varepsilon^2 + (60\lambda\sigma)^2} \tag{4-31}$$

（2）短波极限距离之内的传播损耗的计算

短波极限距离之内的传播损耗的计算采用水平极化波，传播损耗 L 及参量距离 X 按式（4-30）及式（4-32）进行计算。场强计算见式（4-26）。

$$X = \frac{\pi r}{\lambda} \times \frac{1}{\sqrt{(\varepsilon - 1)^2 + (60\lambda\sigma)^2}} \tag{4-32}$$

式（4-30）~式（4-32）中 r——被测点与发射天线的距离（km）；L——地面的衰减系数（电波传播损耗）；X——参量距离；λ——干扰源工作波长（m）；ε——相对介电常数如表 4-1 所示；σ——大地导电系数（表 4-1）。

3. 极限距离之外长、中、短波干扰场强的计算

如果接收器是处于干扰源的极限距离之外，就必须考虑地球曲率的影响，精确计算传输损耗比较困难，只能借助于实测的办法。

地质参数 表4-1

地质	电导率 σ（s/m）	相对介电常数 ε（F/m）	地质	电导率 σ（s/m）	相对介电常数 ε（F/m）
海水	4	80	丘陵牧区	5×10^{-3}	13
淡水	5×10^{-3}	80	岩石地区	2×10^{-3}	10
湿地	1×10^{-2}	10	沿海沙地	2×10^{-3}	10
干地	7×10^{-8}	4	城市居住区	2×10^{-3}	5
森林平原	8×10^{-3}	12	城市工业区	1×10^{-4}	3
肥沃农田	1×10^{-2}	15	山区	1×10^{-3}	5

　　下面介绍苏－万公式。实际上长、中波波段无线电波的服务范围远远超出了苏－万公式可以应用的范围，同时在一般的情况下，表面波是在几种不同性质的地面上传播的，所以必须考虑在以下因素下，长、中波场强的计算。

　　当通信距离超过 $\dfrac{80}{\sqrt[3]{f}}$ 时，就必须要考虑球形地面对电波传播的影响。实际上，地球曲率的影响使地表面波能够传播到较远的距离，这是电波的绕射现象，必须要考虑电波的绕射损耗。对于电波在地球表面上的绕射问题，直接应用麦克斯韦方程和边界条件来计算场强十分复杂。工程上，利用国际无线电咨询委员会（CCIR）推荐的一族曲线作为计算地面场强的一种方法，如图4-6、图4-7所示。图中给出了地波沿湿地及干地表面传播时，不同频率电波的场强随传播距离变化的曲线。这些曲线绘制在图中的纵坐标表示电场强度（有效值），以 $\mu V/m$ 计，或以 dB（$\mu V/m$）表示，$1\mu V/m$ 相当于 0dB。这些曲线是在不同距离对每个频率的场强进行测量，并将测量的数据绘制成曲线图。借助这些曲线图，对各种功率发射的干扰场强进行计算。这种计算结果大致接近实际情况。对于干地和湿地的实验测量曲线图如图4-6和图4-7所示。

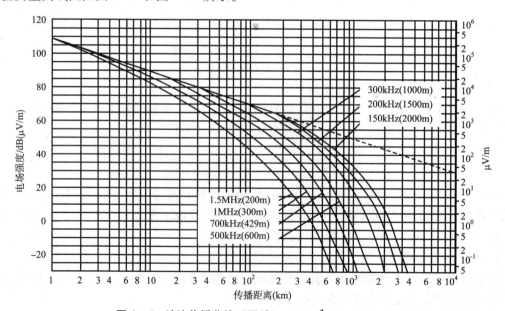

图4-6　地波传播曲线（湿地：$\sigma = 10^{-2} s/m$，$\varepsilon_r = 4$）

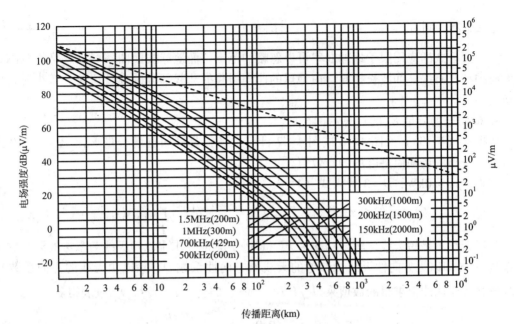

图 4 – 7 地波传播曲线（干地表面：$\sigma = 10^{-4}\text{s/m}$，$\varepsilon_r = 4$）

图 4 – 6 和图 4 – 7 曲线图绘制的条件：

1）垂直发射天线，使用短于 $\dfrac{\lambda}{4}$ 波长，方向系数 $D = 3$；

2）基于发射辐射功率 1kW；

3）垂直极化波；

4）长、中、短波频率；

5）反映地球曲率和各种地质的吸收损耗，假设地面光滑，地质均匀；

6）计算的场强是横向电场分量 E_{x1}。

式（4 – 33）是计算半导电平面地面上的场强表达式，又称为苏 – 万公式。

$$E_{x1} = \frac{173 \sqrt{P_r D}}{r}|L| \quad (\text{mV/m}) \tag{4 – 33}$$

式中　P_r——发射机功率（kW）；

　　　　r——被测点到发射天线的距离（km）；

　　　　D——发射天线的方向性系数，考虑理想导电地面影响后，天线的方向性系数；

　　　　L——地面的衰减系数。

地面的衰减系数 $|L|$ 可近似地表示为：

$$|L| \approx \frac{2 + 0.3X}{2 + X + 0.6X^2} \tag{4 – 34}$$

式中，X 为参量距离，其计算式（4 – 31）和式（4 – 32）相同。

当 $2X < 1$ 时，$|L|$ 与 1 的区别不大，这时地面吸收引起的电波的衰减可以忽略；但是当 $2X > 1$ 时，$|L|$ 降低很快；当 $2X > 10$ 时，$|L|$ 几乎与参量 X 成反比，即在较远处，场强与距离 r 的平方成反比。

若 $X > 25$，则 $$|L| \approx \frac{1}{2X} \qquad\qquad (4-35)$$

苏 – 万公式的应用限于地球曲率可以忽略的范围，而地球表面曲率可以忽略的范围又与电波的波长有关，如波长很长，由地球的曲率引起的凸起部分的高度比波长甚小时，可以忽略不计。

4. 横向电场分量 E_{x1} 的计算示例

依据式（4 – 33）及图 4 – 6 或图 4 – 7 计算的场强是横向电场分量 E_{x1}。图 4 – 6 及图 4 – 7 曲线查出的场强值是电场的有效值。

现将 $P_r = 1.0\text{kW}$，$D = 3$ 代入式（4 – 33），得：

$$E_{x1} = \frac{173 \times \sqrt{1 \times 3}}{r}|L| \ (\text{mV/m}) = \frac{3 \times 10^5}{r}|L| \ (\mu\text{V/m}) \qquad (4-36)$$

如果天线不是短天线，辐射功率为 P_r（kW），则应先求出以短天线为参考的天线的方向系数 D'（即以无方向性天线为参考的天线的方向性系数 D，除以短天线的方向系数），所求场强等于曲线上求得的数值乘以 $\sqrt{P_r D'}$，如式（4 – 37）所示，E_{x1} 查表得。

$$E_{x1} = E_{x1\text{查表}}\sqrt{P_r D'} = E_{x1\text{查表}}\sqrt{\frac{P_r D}{3}} \qquad (4-37)$$

图 4 – 6 和图 4 – 7 中表示的是电波场强随距离的变化，这里的衰减因子 $|L|$ 考虑了大地的吸收损耗及地面的绕射损耗。从图中可以看出，对于中波和长波传播距离超过100km 后，场强值急剧衰减，这主要是绕射损耗增大所致。

第五章　天波电波传播电磁干扰场强的计算

第一节　电波的传播

一、天波传播

无线电波自发射点天线向空间辐射，在电离层内经过连续折射返回地面的接收天线，这种传播方式称为天波传播，如图 5 - 1 所示。天波，又称电离层波，它利用高空的电离层对无线电的反射作用来传播。

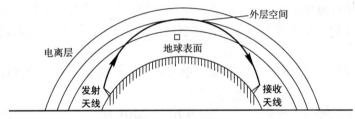

图 5 - 1　天波传播

电离层对于传播短波吸收很小，而大部分被反射；对于长波则吸收很大，不被反射；对于超短波来说则能穿透这个电离层，也不被反射。因此，天波传播主要用于短波（高端）波段。

电离层是地面上空空域 60 ~ 350km 的高空大气层电离区域，由于大气层上空分为三层，所以电离层也分为 D、E、F 三层，各层电子密度 N（电子数/cm³）及与地面的距离如表 5 - 1 所示。

电离层各高度及电子密度　　　　　　　　　　　表 5 - 1

电离层次	N（e/cm^3）	对地面距离（km）	特性
D	$10^3 \sim 10^4$	70 ~ 90	夜间消失
E	2×10^5	100 ~ 120	
F1	3×10^6	160 ~ 180	夏季白天存在
F2	1×10^6	300 ~ 450	
	2×10^6	250 ~ 350	

由于天波传播传输损耗小，可利用较小的功率进行远距离通信，建立通信网的设备简单，造价低，可快速建立起与远方的通信，即使卫星通信，光纤通信得到发展，利用天波传播的使用减少，但由于天波传播的上述优点，使得天波通信仍是一种十分重要的通信手段。

二、自由空间电波的传播

从电波的种类、电波传播环境和传播方式的叙述中可知，电波是在各种实际空间环境内（例如地表、对流层、电离层等）传播的。在传播过程中，媒质吸收会使电波衰减，媒质不均匀性，地貌地物等的衰减效应造成的传输损耗影响，折射效应、多径传输都会使电波畸变、衰落或使传播方向发生改变等，色散效应的影响会造成信号幅度和相位失真，还有去极化效应等都会影响电磁波的传播。但所有这些主要是对通信而言。在工业及民用智能建筑电磁兼容设计中主要考虑的是电磁波衰减效应及其影响，即传输损耗。下面就媒质对电波传播影响作一简述。首先从最简单的自由空间电波传播开始，然后逐步涉及各频段电波的各种传播方式，传输损耗和场强计算。

（一）电波在自由空间中传播的场强及传输损耗

自由空间中传播的场强：

为了便于对各种传播方式进行比较，提供一个标准，同时为了简化电波传输损耗的计算，引出自由空间传播的概念是必不可少的。所谓自由空间是一个理想的假定，通常是指充满均匀、无耗媒质的无限大空间，即该空间媒质具有各向同性、电导率 $\sigma = 0$、相对介电常数 $\varepsilon_r = 1$ 及相对磁导率 $\mu_r = 1$ 的特点，不会出现折射、绕射、反射、吸收和散射等现象，而仅考虑由于电波的扩散而引起的传播损耗。因此，自由空间是一种理想情况；实际上不可能获得这种条件。

（1）设天线置于自由空间，在其最大辐射方向上、距离为 d 的接收点处产生的场强振幅为：

$$|E_0| = \sqrt{\frac{60P_r D_t}{d}} = \frac{\sqrt{60P_{in}G_t}}{d} \tag{5-1}$$

式中 P_r——为发射天线的辐射功率（W）；

$\quad\quad D_t$——为发射天线的方向性系数；

$\quad\quad P_{in}$——为天线的输入功率（W）；

$\quad\quad G_t$——为发射天线增益；

$\quad\quad d$——为接收场点到发射天线的距离（m）；

$\quad\quad E_0$——为自由空间场强振幅值（V/m）。

（2）为了工程上应用的方便，天线辐射场场强振幅值的计算公式可以写成：

$$|E_0| = \frac{245\sqrt{P_r D_t}}{d} = \frac{245\sqrt{P_{in}G_t}}{d} \tag{5-2}$$

天线有效值的计算公式为：

$$|E_0| = \frac{173\sqrt{P_r D_t}}{d} = \frac{173\sqrt{P_{in}G_t}}{d} \tag{5-3}$$

式中符号同式（5-1）。

（二）接收天线的输出功率

当接收天线与来波极化匹配并与负载阻抗匹配时，接收天线的输出功率 P_{re} 为：

$$P_{re} = SA_e = \frac{P_{in}G_t}{4\pi d^2} \cdot \frac{\lambda^2}{4\pi}G_{re} = \left(\frac{\lambda}{4\pi d}\right)^2 P_{in}G_t G_{re} \tag{5-4}$$

式中 S——坡印亭矢量（W/m²）；

$\quad\quad d$——距离（m）；

$\quad\quad \lambda$——自由空间电波的波长（m）；

A_e——接收天线的有效面积（m^2）；

P_{in}——发射天线的输入功率（W）；

G_t——发射天线考虑馈电效率的增益（dB）；

G_{re}——接收天线考虑馈电效率的增益（dB）。

（三）自由空间电波传播的损耗

传播损耗又称为系统损耗，定义为发射天线的输入功率和接收天线的输出功率之比，用以衡量电波在传播过程中信号电平衰减的程度，即：

$$L = \frac{P_{in}}{P_{re}} \qquad (5-5)$$

式中，P_{in}为发射天线的输入功率，P_{re}为接收天线的输出功率。

就自由空间而言，电波的衰减情况可用"自由空间传播损耗（L_{bf}）"来表示。L_{bf}的定义为自由空间内，增益 $G_t = 1$ 的发射天线的输入功率 P_{in} 与 $G_{re} = 1$ 的接收天线的输出功率 P_{re} 之比，即自由空间传播损耗 L_{bf}。

$$L_{bf} = \frac{P_{in}}{P_{re}} \quad (G_t = G_{re} = 1) \qquad (5-6)$$

将式（5-4）代入式（5-6），可得：

$$L_{bf} = \left(\frac{4\pi d}{\lambda}\right)^2 \qquad (5-7)$$

若以分贝（dB）表示为：

$$L_{bf} = 10\lg\frac{P_{in}}{P_{re}} = 20\lg\left(\frac{4\pi d}{\lambda}\right) \qquad (5-8)$$

或

$$L_{bf} = 32.45 + 20\lg f + 20\lg d \qquad (5-9)$$

式中，f 的单位为 MHz，d 的单位为 km。

需要说明的是，自由空间是真空，不吸收电磁能量，其传播损耗是球面波在传播过程中随传播距离的增大，能量自然扩散而引起的损耗。当电波频率提高一倍或传播距离增加一倍时，自由空间的传播损耗增加 6dB。由式（5-7）可以看出，自由空间传播损耗 L_{bf} 与传输距离 d 的平方成正比，这是由于能量的扩散使功率密度与 d 的平方成反比而引起的。由式（5-4）可知接收天线的接收功率等于功率密度和天线的有效接收面积的乘积。当天线发射的无线电波的频率 f 增大时，其相应的波长变小，对于同样增益的接收天线，天线的有效接收面积变小，因而接收天线的输出功率变小，则由式（5-7）所表示的自由空间传播损耗增大，因而，前面所定义的自由空间传播损耗随频率的增大而增大。这并不是由于频率升高自由空间能量扩散损耗增大而引起的，而是由于对于相同增益的天线，天线的有效接收面积随频率的升高而减小引起的。若保持接收天线的有效接收面积不变，则接收天线的接收功率就不会随频率的变化而发生变化。

三、媒质中的电波传播

（一）传播媒质对电波传播的影响

电波在有耗媒质中传播时，接收点场强小于在自由空间传播时的场强，表现出衰减效应，包括：

1. 地面、海面反射引起的多径衰减，地形地物引起的遮挡衰减和绕射衰减，地面或海面导电率引起的衰减；

2. 大气中氧气、水汽等气体分子，水汽凝结物（雨、雪、云、雾）等对电波的吸收、散射所产生的衰减；

3. 电离层电子碰撞时对电波的吸收衰减。

（二）媒质中的传输损耗

实际的电波传播是在媒质中进行的，传输媒质对电波有吸收作用，会导致电波的衰减。如果在实际媒质中接收点的场强为 E，而自由空间传播的场强为 E_0，则定义比值 $|E|/|E_0|$ 为衰减因子，记为 A：

$$\left.\begin{array}{c} A = \dfrac{|E|}{|E_0|} \\[3mm] |E| = |E_0| \, A = \dfrac{\sqrt{60 P_t G_t}}{d} A \end{array}\right\} \qquad (5-10)$$

式中，d 的单位为 m；A 与工作频率，传播距离，媒质电参数，地貌地物情况，传播方式等因素有关。

则相应的衰减损耗为：

$$L_F = \frac{1}{A^2} \text{ 或 } L_F = 20 \lg \frac{1}{A} = 20 \lg \frac{|E_0|}{|E|} \qquad (5-11)$$

（三）接收功率

接收点处相应的接收功率分别表示为：

$$P_{re} = \left(\frac{\lambda}{4\pi d}\right)^2 A^2 G_t G_{re} P_{in} \quad (\text{W}) \qquad (5-12)$$

某一传输信道的发射天线输入功率 P_{in} 与接收天线输出功率 P_{re} 满足匹配条件之比，定义为该电路的传输损耗 L_b，即：

$$L_b = \frac{P_{in}}{P_{re}} = \left(\frac{4\pi d}{\lambda}\right)^2 \cdot \frac{1}{A^2 G_t G_{re}} \qquad (5-13)$$

若用分贝表示，则为：

$$L_b = 20 \lg \left(\frac{4\pi d}{\lambda}\right) - A - G_t - G_{re} \qquad (5-14)$$

式中，$A = 10 \lg A^2 = 20 \lg |E|/|E_0|$。由于 $A<1$，因此 A 是负值，它反映了媒体对电波能量的吸收，使信道传输损耗增加。

需要注意的是，若式（5-14）中舍去设备因素的影响，令 $G_t = G_{re} = 0$，dB 即仅考虑第一、第二项，则有

$$L_b = \left(\frac{4\pi d}{\lambda}\right)^2 \frac{1}{A^2} \qquad (5-15)$$

$$L_b = 20 \lg \left(\frac{4\pi d}{\lambda}\right) - A \qquad (5-16)$$

由式（5-8）得 $L_b = L_{bf} - A$

各式中　L_b——电路中传输损耗（或称基本传输损耗）；

P_{in}——传输信道发射天线的输入功率；

P_{re}——传输信道接收天线的输出功率；

L_{bf}——自由空间传输损耗（$G_t = G_{re} = 1$ 的损耗）；

L_F——衰减损耗；

G_{re}——接收天线考虑馈电效率的增益；

G_t——发射天线考虑馈电效率的增益；

λ——为自由空间电波的波度（m）；

d——为发射天线与接收天线之间的距离（m）。

四、接收天线的输出功率和接收点场强的计算

由 $L = \dfrac{P_{in}}{P_{re}}$ 可知接收天线的输出功率，可由发射天线的输入功率和电道传输损耗 L 计算。

$$P_{re} = \frac{P_{in}}{L} \text{或} P_{re} = P_{in} - L \tag{5-17}$$

由式 $S_e (\theta, \varphi) = \dfrac{P_{re} (\theta, \varphi)}{S} = \dfrac{P_{re} (\theta, \varphi)}{|E|^2/240\pi}$ 和 $P_{re} (\theta, \varphi) = S A_e$ 可得，由接收天线

处的场强得到的接收天线的输出功率为：

$$P_{re} = S A_e = \frac{E_{re}^2 G_{re} \lambda^2 \sqrt{\varepsilon_r}}{480\pi^2} \tag{5-18}$$

式中　S——入射电磁波功率密度；

A_e——天线有效接收面积（m^2）。

将 $\lambda^2 = \dfrac{v^2}{f^2} = \dfrac{c^2}{f^2 \varepsilon_r}$ 代入式（5-18）得：

$$P_{re} = \frac{c^2}{480\pi^2} \frac{E_{re}^2 G_{re}}{f^2 \sqrt{\varepsilon_r}} \tag{5-19}$$

式中　c——光速；

f——频率（Hz）；

P_{in}——为发射天线的输入功率；

P_{re}——为接收天线的输出功率。

由式（5-19）可得，接收点的场强的平方可由接收天线的增益系数和接收天线的输出功率计算出来。

$$E_{re}^2 = \frac{480\pi^2}{c^2} \frac{P_{re} f^2 \sqrt{\varepsilon_r}}{G_{re}} \tag{5-20}$$

将式（5-17）代入式（5-20）并利用 $L = \dfrac{P_{in}}{P_{re}} = \dfrac{L_{bf} L_F}{G_t G_{re}} = \dfrac{L_b}{G_t G_{re}}$ 的关系式得：

$$E_{re}^2 = \frac{480\pi^2}{C^2} \frac{P_{in} f^2 \sqrt{\varepsilon_r}}{G_{re} L} = \frac{480\pi^2}{C^2} \frac{P_{in} f^2 G_t \sqrt{\varepsilon_r}}{L_b}$$

$$= 5.264 \times 10^{-14} \sqrt{\varepsilon_r} \frac{P_{in} f^2 G_t}{L_b}$$

$$=5.264 \times 10^{10} \sqrt{\varepsilon_r} \frac{P_{in}f^2 G_t}{L_b} \ (\mu V/m)^2 \qquad (5-21)$$

若接收天线处的媒质的相对介电常数 $\varepsilon_r = 1$，则式（5-21）可写为

$$E_{re}^2 = 5.264 \times 10^{10} \frac{P_{in}f^2 G_t}{L_b} \ (\mu V/m)^2 \qquad (5-22)$$

或写成分贝（dB）的形式为

$$E_r \ (dB) = 107.2 + 20\lg f \ (MHz) + P_{in} \ (dBW) + G_t \ (dB) - L_b \ (dB) \quad (5-23)$$

由上文可知，接收点的场强电平值可以由发射天线的输入功率和增益、路径传输损耗及工作频率通过式（5-22）或式（5-23）计算得到。

第二节 中波天波传播电磁干扰场强的计算

天波传播通常是指自发射天线发出的电波，在高空被电离层反射后到达接收点的这种传播方式。长波、中波和短波都可以利用天波传播方式进行工作。

天波传播经电离层反射后到达地面接收点。但由于电离层是一种随机、色散、各向异性不均匀的有损耗媒质，磁电波在其中传播时，必然会产生各种效应，如多路径传输、衰减、极化面旋转、反射、折射等现象。显著地影响无线电波的传播，有时还会因电离层暴变等异常情况造成短波通信中断。但由于天波传播传输损耗小，可以利用较小的功率进行远距离通信，设备简单，造价低，且可迅速建立远方的通信，对抗自然灾害等优点，所以天波通信仍是一种十分重要的通信手段，尤其是在军事通信中。在中、短波远距离广播和通信，船岸间移动通信等业务主要为天波传播。

一、中波天波传播的特点

中波传播分三个区：地波传播区，地波天波混合传播区和天波传播区。天波传播区距发射天线远，地波传播区距发射天线近，混合传播区在二者之间。中波传播在白天只有地波，而在夜间才有天波；夜间是地波、天波混合传播，覆盖地区大。对工业及民用智能建筑电磁兼容干扰场强防护间距场强计算，当工作场所仅为一班制工作，即为白天工作，夜间不工作时，也可以不考虑中波天波的影响。

由于中波绕射能力强，所以一般采用的是垂直极化传播方式，因而只能用直立式天线。中波垂直极化波辐射，如图5-2所示。

由图5-2看出，天波反射回地面的范围是从大于0°到小于90°。中波传播区为不到1km到2350km半径的圆面积。天波辐射的能量是随着射线仰角增大而减少的。同时反射回地面的能量也减少。当射线仰角达到90°时，天波辐射的能量为零，同时反射的能量也为零。

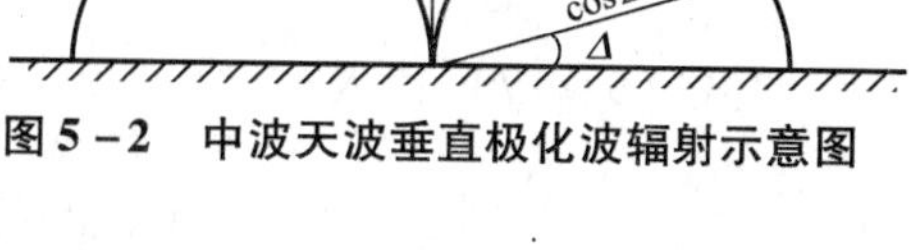

图5-2 中波天波垂直极化波辐射示意图

二、中波天波电磁干扰场强的计算

中波天波电磁干扰场强计算有图解法和计算法两种方法。

（一）图解法

图 5 - 3 中有 5 条曲线，图中 A 曲线适用于我国干扰场强计算。这些曲线是在直立天线辐射的功率为 1kW 时，在电离层 E 层反射情况下绘制的。本文仅示出用于陆地的实验曲线。

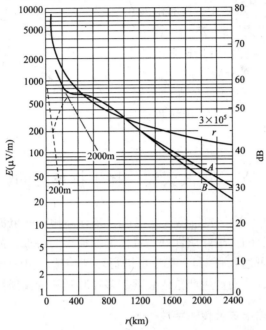

图 5 - 3 适用于陆地中波天波天线干扰场强实验曲线（中国适用 A 曲线）

如果计算某发射地的干扰场强，其发射功率不是 1kW，天线也不是直立天线，那么可用下面的换算公式进行计算。

$$E_{\text{中}1} = 0.35 E_1 \times \sqrt{1 \times 10^{-3} \times P D_1 / 3} \times \sqrt{D_2} \qquad (5-24)$$

式中 E_1——根据被干扰接收天线的距离，在图 5 - 3 中 A 曲线查得的电场强度（μV/m）；

    $E_{\text{中}1}$——中波天波平均干扰场强，E 层虽然比较稳定，但仍有起伏，所以这里取平均值（μV/m）；

    P——干扰天线辐射的功率（W）；

    D_1——干扰发射天线的方位方向性系数，当为直立天线时，$D_1 = 3$；

    D_2——被干扰接收天线的方位方向性系数。

（二）计算法

$$E_{\text{中}2} = \frac{3 \times 10^5 \sqrt{P} \times \cos^2 \Delta}{\sqrt{4R \times \sin^2\left(\dfrac{\alpha}{2}\right) \times (R+H) + H^2}} \times \sqrt{D_2} \qquad (5-25)$$

式中 $E_{\text{中}2}$——被干扰接收天线输出端接收到的干扰场强（μV/m）；

    P——干扰发射天线辐射的功率（kW），中波天线一般都采用非对称直立天线，功率全向辐射；

    Δ——射线仰角；

    R——地球半径；

    H——电离层 E 层高度，按 110km 计算；

D_2——被干扰接收天线的方位方向性系数；

　　α——干扰发射天线到 E 层反射点，此点与地心连线，此连线与天线到地心连线之间的夹角。如图 5-4 所示。

这里需要说明式（5-25）中，没有电波在 E 层反射的损耗因子，用式（5-25）计算出的结果偏大于实际的电场强度。用此式算出的中波天波干扰场强只能作为解决问题的参考。

图 5-4 中 A 为干扰发射天线所在的位置，C 为电离层 E 层反射点，B 为被干扰接收天线所在的位置。

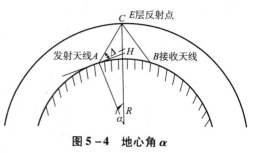

图 5-4　地心角 α

<h1 style="text-align:center">第三节　短波天波传播干扰场强的计算</h1>

短波是指频率在 3～30MHz 范围内无线电波，亦称高频无线电波。通常短波用作天波传播，短波天波传播具有的传输媒质性好，且传输损耗小的特点，故能以较小的功率进行远距离通信，通信距离可达几百 km，甚至可进行环球传播。由于短波能深入电离层，因而受电离层的影响较大，从而产生严重的衰落、多径时延和传输损耗等。

一、短波天波的传输模式及传输特性

（一）短波天波的传输模式

传输模式是指电波从发射点到接收点的传播路径。由于短波天线波束较宽，电离层分层，电波传播时可能多次反射等原因，在一条通信电路中存在多种传播路径，即多种传播模式，这种现象也称为路径传输。

通常将通过 E 层的一次反射到达接收点的传播模式称为 1E 传输模式，通过 F 层的一次反射到达接收点的传播模式称为 1F 传输模式，而两次反射则为 2E 和 2F 传输模式，类似的 n 次反射为 nE 和 nF 传输模式，如图 5-5 所示。对某一通信电路，可能存在的传输模式是与通信距离、工作频率、电离层的状态等因素有关。

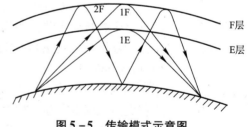

图 5-5　传输模式示意图

（二）短波天波的传输特性

由于电离层是一个不均匀、导电、色散和各向异性的媒体，电波在这样的媒体中传播时，会产生损耗、电波折射、反射、散射及绕射、传输的时延、衰减和传输失真等。短波天波的传输特性主要是传输损耗、多路径时延、衰落、环球回波现象及电离层暴的影响等。下面针对短波天波干扰场强计算中涉及的短波天波的传播损耗进行叙述。其他性能参数当有必要时可参见相关文献资料。

二、短波天波电磁干扰场强的计算

由于电离层时刻变化，使得精确计算短波干扰已不可能。另外短波天波干扰时间性强。

计算某个时间的干扰，只能证明某个时间的干扰，不能用它判断全天的干扰。为了减少计算，可把全天的电离层变化分为四个时段，见式（5-36）。通常为了安全保险按最低损耗计算。

短波天波干扰场强计算公式是：

$$E_{短} = 74.7582 + P + G_1 + G_2 - L \qquad (5-26)$$

式中　$E_{短}$——短波天波干扰场强（dBμV/m）；

　　　P——干扰发射天线发射的功率（dBW）；

　　　G_1——干扰发射天线方位增益（dB）；

　　　G_2——被干扰接收天线方位增益（dB）；

　　　L——短波天波传播损耗，见式（5-27）。

三、短波天波传播损耗计算

电波传播的损耗不管电波是在地球表面上绕射，还是经电离层反射，或者在自由空间直射，在传播过程中都会发生能量的损耗。

（一）天波传播损耗

实验表明，电波传播的频率在 70MHz 以上时，经电离层反射的能量才逐渐消失。所以天波传播损耗应包括短波和超短波的低频段天波传播损耗。天波传播损耗有四个部分：自由空间电波能量扩散损耗 L_1、电离层吸收损耗 L_4、电波落地反射损耗 L_2 和其他额外损耗 L_3。

电波经电离层反射返回地面的传播损耗与电离层的厚度和高度有关，并受到太阳、地理纬度、地球磁场和时间的影响，由此可见电波经电离层反射返回地面的传播损耗不是恒定的损耗。电波落地反射损耗，是电波经电离层反射后落地，再反射出现的地面吸收损耗。额外损耗，它应包括天线不稳定引起的增益下降、极化不同、电波聚焦效应、多径效应和电离层散射等引起的电波能量的损耗。

（二）短波天波传输损耗计算

短波天波损耗计算公式由式（5-27）所示。

$$L = L_1 + L_2 + L_3 + L_4 \qquad (5-27)$$

式中　L——短波天波传播损耗（dB）；

　　　L_1——自由空间电波能量扩散传播损耗（dB）；

　　　L_2——电波落地反射损耗（dB）；

　　　L_3——其他额外损耗（dB）；

　　　L_4——电离层吸收损耗（dB）。

下面分别叙述上面这四种损耗的计算。

1. 自由空间电波能量扩散传播损耗 L_1 的计算

$$L_1 = 20\lg\left(\frac{4\pi D}{\lambda}\right) \qquad (5-28)$$

式中　D——电波传播的长度（km）；

　　　λ——辐射干扰源工作波长 m。

由于 $c = \lambda f$，$\lambda = \dfrac{c}{f}$，可把式（5-28）换成下面的形式：

$$
\begin{aligned}
L_1 &= 20\lg\left(\frac{4\pi D}{c/f}\right)\\
&= 20\lg\left(\frac{4\pi D}{3\times10^{-1}/f}\right)\\
&= 32.4418 + 20\lg f + 20\lg D
\end{aligned}
\tag{5-29}
$$

式中　f——辐射干扰源工作频率（MHz）；

　　　c——光速，电磁波在真空中传播速度 $c = 2.997925\times10^5\,\text{km/s} \approx 3.0\times10^5\,\text{km/s}$。

D 的计算公式为

$$
20\lg D = 20\lg\left\{2R\,\frac{\sin\left(\dfrac{d}{2R}\right)}{\cos\left(\varphi + \dfrac{d}{2R}\right)}\right\}
\tag{5-30}
$$

式中　R——地球半径，$R = 6371.23\,\text{km}$；

　　　d——射线一次反射的地球大圆的距离（km）；

　　　φ——射线仰角；

　　　$\dfrac{d}{2R}$——电离层反射点到地球中心的连线和到地球中

心连线之间的夹角，如图 5-6 所示。

$$
\frac{d}{2R} = \frac{180°\times d}{2\pi\times6371.23°}
\tag{5-31}
$$

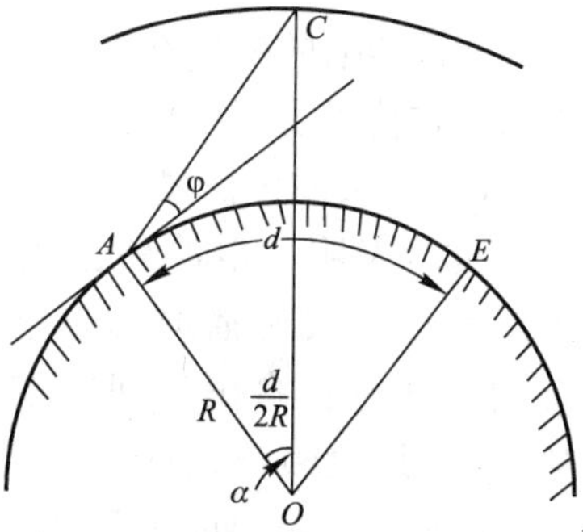

2. 电波落地反射损耗 L_2 的计算

1）地质的影响

地质对空间传播的影响主要体现在对地面反射波的影

图 5-6　电离层反射点与地球中心连线间夹角图

响上。地面是理想导电体时，它的反射系数的模数 R 等于 1，对于良好的导体，这个系数的模数取 1。但一般的地面是半导电媒质，故反射系数不是 1，特别是干燥的土壤（$R<1$），它使反射波的场强减小，相应的总场强就可能增加。

由于发射天线和反射区相距很远，到达反射区的球面波可以视为平面波，因而可以用平面波的反射定律来叙述地面的反射。当通信距离 d 较近时，可以把地面视为平地面。地面的反射系数一般有如下特点：

（1）不论反射区的地面性质如何，反射系数的模值 $|R|$ 总是小于 1。

（2）对于地面的电导率为有限值时，当电波入射仰角 θ 非常小（或称为掠射）时，近似有：$R_H = R_V \approx -1$。

（3）若地面为良导体（$60\lambda\sigma \gg \varepsilon_r$）地面，不论入射仰角为何值时，都有 $R_H = -1$ 和 $R_V = 1$。表明电波全部被反射。

当垂直极化波和水平极化波反射量相等时，则 $|R_V|$、$|R_H|$ 可按式（5-33）计算。

2）电波落地反射损耗 L_2 的计算

（1）电波落地反射损耗 L_2 的计算可按式（5-32）计算。

$$L_2 = 10\lg\left\{\frac{|R_V|^2 + |R_H|^2}{2}\right\} \tag{5-32}$$

式中　L_2——电波落地反射损耗，dB；

$|R_V|$——电波垂直极化反射系数的模；

$|R_H|$——电波水平极化反射系数的模。

（2）如果垂直极化和水平极化反射量相等，则可按式（5-33）计算。

$$|R_V| = |R_H| = \frac{\varepsilon' \times \sin\theta - \sqrt{\varepsilon' - \cos^2\theta}}{\varepsilon' \times \sin\theta + \sqrt{\varepsilon' - \cos^2\theta}} \tag{5-33}$$

式中　ε'——相对介电常数，见第四章第三节表4-1；

θ——电波射线落地与垂直该处地球切线之间的夹角（入射角），如图5-7所示。

（3）如果垂直极化和水平极化反射量不相等，则垂直极化反射系数用式（5-34）计算。

$$|R_V| = \frac{\varepsilon' \times \sin\theta - \sqrt{\varepsilon' - \cos^2\theta}}{\varepsilon' \times \sin\theta + \sqrt{\varepsilon' - \cos^2\theta}} \tag{5-34}$$

水平极化反射系数用式（5-35）计算。

$$|R_H| = \frac{\sin\theta - \sqrt{\varepsilon' - \cos^2\theta}}{\sin\theta + \sqrt{\varepsilon' - \cos^2\theta}} \tag{5-35}$$

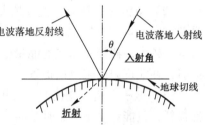

图5-7　电波射线落地与垂直该点地球切线间入射角示意图

3. 其他额外系统损耗 L_3 的计算

其他额外系统损耗 L_3 包括除上述三种损耗以外的其他所有原因引起的损耗。如偏移吸收、E_s 层附加损耗、极化损耗、电离层漫反射损耗、聚焦和散焦损耗等。L_3 是项综合估算值，它是由大量电路实测的天波传输损耗数据排除已指明的三项损耗后而得到的。L_3 与反射点的本地时间 T（小时）有关，可按下面不同时度经过实验得出估算值：

$$\begin{aligned} L_3 &= 18.0\text{dB}, & 22 < T \leqslant 4 \\ L_3 &= 16.6\text{dB}, & 4 < T \leqslant 10 \\ L_3 &= 15.4\text{dB}, & 10 < T \leqslant 16 \\ L_3 &= 16.6\text{dB}, & 16 < T \leqslant 22 \end{aligned} \tag{5-36}$$

4. 电离层对电波的吸收 L_4 的计算

1）在电离层中，除了自由电子外还有大量的中性分子和离子。自由电子受电波电场的作用而发生运动，其运动方向与电场一致。运动的电子可能与正离子碰撞而复合，也可能与中性分子碰撞，而把从电波中获取的动能转移给中性分子。中性分子的运动不会产生交变电磁场，所以电波的一部分能量就被电离层吸收而转化为热能，即电离层对电波的吸收。电离层吸收可分为非偏离吸收和偏离吸收。

（1）非偏离区是指电离层中折射率 $n = \sqrt{\varepsilon}$，接近于1的区域。在该区域中的电波射线几乎是直线，故称为非偏移区。

（2）偏移区是指电离层中折射率 n 很小的区域，在该区域内射线轨迹弯曲，故称为偏移区，主要是指在接近电波反射点附近的区域。因此，在 F 层或 E 层反射点附近的吸收就称为偏移吸收或反射吸收。对于短波传播，通常在 F 层反射，因 F 层的碰撞频率很低，比非偏移吸收小得多。因此在工程计算中，通常把该项吸收和其他一些随机因素引起的吸收合在一起进行估算。

2）电离层的吸收作用是非常复杂的，这是因为电离层本身就是一个随机、色散的损耗媒质，因此准确的计算电离层的吸收损耗是件非常困难的工作，工业及民用智能建筑工程的电磁兼容设计对这项计算不是必须的，这是因为一般来说，这个吸收损耗是很小的，约几个分贝，通常都是在10dB以下。

3）从以上所述可知，电离层对电波的吸收与电波频率、电波入射角及电离层的电子密度等有关，其基本规律如下：

（1）电离层的碰撞频率越大即气体分子密度越大，电离层对电波的吸收就越大。这是由于电子与中性分子总的碰撞机会增多，则吸收就越大，且一般夜间电离层对电波的吸收小于白天的吸收；

（2）电波频率越低，吸收越大。这是由于电波的频率越低，其周期就越长，自由电子受单方向电场力的作用时间越长，运动速度也越大，走的路程也越长，与其他粒子碰撞的机会就越大，碰撞时损耗的能量也就越多，因此电离层对电波的吸收就越大。所以发射短波时，在能反射回来的前提下，尽量选择较高的工作频率；

（3）电于电离层变化大，每年每月每天每时都不相同，因此，考虑电波在电离层的传播损耗，只能计算某年某月某时的损耗，而不能计算恒定性的损耗。这是计算短波天波干扰的特点；

（4）由于电离层变化受太阳黑子、地理纬度、地球磁场和时间的影响，因此，只有当工程有必要时才考虑短波天波损耗并进行计算。由于这项计算较为复杂，请参阅相关文献。

第四节　超短波电磁干扰场强的计算

一、超短波传播损耗的计算

（一）视距传播

对于超短波和微波的无线电波，由于频率很高、电波沿地面传播衰减很大，遇到障碍物时绕射能力又很弱。因此，不能利用地波传播方式。而高空电离层又不能将其反射返回地面，因而不能利用天波传播方式，所以这一频段的电波只能使用视距传播方式和对流层散射传播方式。

视距传播是指在发射天线和接收天线间互相"看得见"的距离之内，电波直接从发射点传播到接收点，有时包括地面反射波的一种传播方式，又称为直射波或空间波传播。视距传播按收发天线所处的空间位置不同，大体上可分为三类：

第一类，地面视距传播，这类业务如中继通信，广播，电视以及地面上的移动通信等；

第二类，地—空视距传播，这类业务如雷达通信，广播，电视，卫星等；

第三类，空—空视距传播，主要是飞机间、宇宙飞行器间的传播。

工业及民用智能建筑电磁兼容性设计主要涉及第一、二类业务传播，无论是第一类或第二类的视距传播，其传播途径至少有一部分是在对流层中，因此必然要受到对流层这一传播媒质的影响，从而引起电波的吸收、折射、反射和散射。同样当电波在低空大气层中传播时，还可能会受到地表自然或人为障碍物的影响，也会引起电波的反射、散射和绕射。

（二）几何视线距离

1. 地球曲率对空间波传播的影响

前面叙述的反射公式是在距离不远、地球曲率可以忽略的情况下应用。这种情况只有在相距较近（例如几km）的情况下才有可能。实际上，收发之间的距离往往有几十公里，所以对地球的曲率就不能不加以考虑。

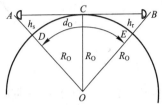

图 5-8 辐射干扰源天线和接收器天线高度间视线距离

由于地球是凸起的，地表面会阻挡视线。当天线高度一定时，在凸起的地面上由天线顶端能看到的最远距离称为视线距离，如图 5-8 所示。图中 $d_0 \approx AB$，d_0 就是视线距离，O 是地球中心，设地球半径为 R_0，收、发天线架设高度 $AD = h_s$，$BE = h_r$，且 $R_0 \gg h_s$、h_r，收、发天线之间的连线 AB 与地面相切于 C 点，则有

$$(AC)^2 = (R_0 + h_s)^2 - R_0^2 \approx 2R_0 h_s$$
$$(BC)^2 = (R_0 + h_r)^2 - R_0^2 \approx 2R_0 h_r \tag{5-37}$$

得

$$d_0 \approx AB \approx \sqrt{2R_0}(\sqrt{h_s} + \sqrt{h_r}) \tag{5-38}$$

由式（5-38）可知，当天线高度 h_s、h_r 确定时，两地之间的视线距离也就确定了。将地球半径 $R_0 = 6370$km 代入上式，h_s、h_r 的单位为 m，则

$$d_0 = 3.57 \times (\sqrt{h_s} + \sqrt{h_r}) \tag{5-39}$$

若考虑到大气不均匀性对电波传播轨迹的影响，在标准大气折射的情况下，往往将式（5-39）修正为：

$$d_0 = 4.12 \times (\sqrt{h_s} + \sqrt{h_r}) \tag{5-40}$$

由于地球曲率影响，使得在不同通信距离 d 处的接收点场强有着不同的特点。通常，根据接收点离开发射天线的距离可分为三个区域：$d < 0.7d_0$ 的区域称为亮区；$0.7d_0 < d < (1.2 \sim 1.4)d_0$ 和 $d > (1.2 \sim 1.4)d_0$ 的区域分别称为半阴影区及阴影区。通信距离 d 应满足亮区的条件，这是为了使电波离地面有足够的距离的缘故。如果 $d = d_0$，则电波在传播过程中有一段要沿地面传播，地面对它的吸收很大，这就不能利用前面的反射公式计算，所以传播路程的距离应当比视线距离要小一些。

式中 h_s——辐射干扰源天线高度（m）；

h_r——接收器天线高度（m）；

R_0——地球半径，$R_0 = 6370$km。

2. 超短波几何视距附近传播损耗

这里讲的超短波是指频段在 $3 \sim 30$MHz 的范围内的传播损耗。

1）几何视距附近包括在视距之内，另一部分在视距之外。辐射干扰源在接收器几何视距之内的传播损耗及有关干扰场强的计算见第四章第三节。

下面仅叙述辐射干扰源在接收器几何视距附近的超短波传播损耗。

所谓几何视距，就是可目视到的直线距离，如图 5-9 所示。

2）几何视距附近的超短波传播损耗计算

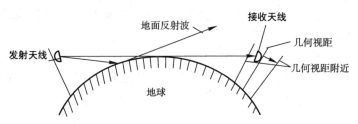

图 5-9 几何视距附近的电波

$$L_附 = F\,(t_1,\ t_2) \tag{5-41}$$

式中 $F\,(t_1,\ t_2)$——衰减因子，它与辐射干扰源天线和接收器天线相对高度有关；

  t_1——辐射源天线相对高度；

  t_2——接收器天线相对高度；

  $L_附$——几何视距附近的超短波传播损耗。

$$\begin{aligned} t_1 &= \frac{h_s}{h_0} \\ t_2 &= \frac{h_r}{h_0} \end{aligned} \tag{5-42}$$

式中 h_s——辐射干扰源天线实际高度（m）；

  h_r——接收器天线实际高度（m）；

  h_0——辐射干扰源天线和接收器天线有效高度（m），如式（5-43）所示。

$$h_0 = \frac{1}{2}\sqrt[3]{R'\lambda^2 / \pi^2} \tag{5-43}$$

式中 R'——大气效应地球半径，$R' \approx 8.5 \times 10^3\,\mathrm{km}$；

  λ——辐射干扰源工作波长（m）。

（三）有效视距传播损耗

有效视距就是超短波传播的截止距离，它等于 1.15 倍几何视距。

$$L_0 = Y\,(t_1) + Y\,(t_2) + Y\,(x) \tag{5-44}$$

式中 L_0——有效视距传播损耗（dB）；

 $Y\,(t_1)$——辐射干扰源天线高度函数（dB）；

 $Y\,(t_2)$——接收器天线高度函数（dB）；

 $Y\,(x)$——辐射干扰源天线到接收天线的相对距离函数（dB）；

 t_1、t_2——同几何视距附近中的 t_1、t_2；

  x——辐射干扰源天线到接收天线的相对距离。

$$x = S/d_0 \tag{5-45}$$

式中 S——辐射干扰源天线到接收器天线的地球大圆距离（m）；

  d_0——标准距离（m）。

$$d_0 = \left(\frac{R'^2 \lambda}{\pi}\right)^{\frac{1}{3}} \tag{5-46}$$

 λ——辐射干扰源工作波长（m）。

计算时先应用式（5 - 45）计算 x 的值，然后根据此值在图5 - 10中查得 $Y(x)$ 的值。

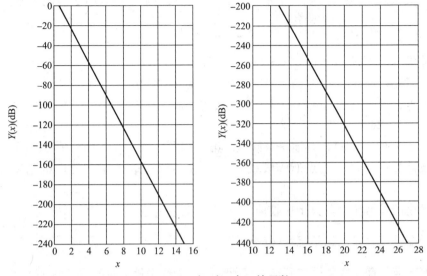

图5 - 10　相对距离 x 的函数

应用式（5 - 42）计算出 t_1、t_2 的值，然后根据此值在图5 - 11中查得 $Y(t_1)$、$Y(t_2)$ 的值。

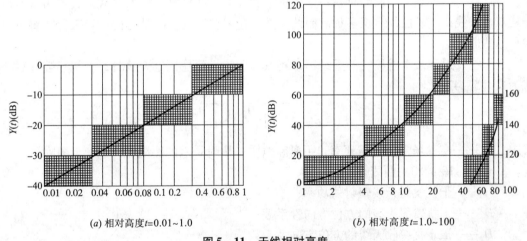

(a) 相对高度 $t = 0.01 \sim 1.0$　　　　　　　　(b) 相对高度 $t = 1.0 \sim 100$

图5 - 11　天线相对高度

（四）短波天波接收点电磁干扰场强计算示例

当收、发天线的增益分别为 G_{re}、G_t，并已知路径传播损耗 L_b，实际接收天线所接收的功率 P_{re} 可按本章第一节"四"媒质中的电波传播计算式（5 - 17）和关系式计算得出。

式（5 - 17）为：
$$P_{re} = \frac{P_{in}}{L} \text{或} P_{re} = P_{in} - L$$

关系式为：
$$L = \frac{P_{in}}{P_{re}} = \frac{L_{bf}L_F}{G_r G_{re}} = \frac{L_b}{G_r G_{re}}$$

或
$$L = L_{\mathrm{b}} - G_{\mathrm{t}} - G_{\mathrm{re}} = L_{\mathrm{bf}} + L_{\mathrm{F}} - G_{\mathrm{t}} - G_{\mathrm{re}}$$

相应的接收地点场强可用式（5-22）和式（5-23）计算得出。

若接收天线处的媒质的相对介电常数 $\varepsilon_{\mathrm{r}} = 1$，则可用式（5-22）计算出，式（5-22）为：$E_{\mathrm{re}}^2 = 5.264 \times 10^{10} \dfrac{P_{\mathrm{in}} f^2 G_{\mathrm{t}}}{L_{\mathrm{b}}}$（$\mu\mathrm{V/m}$）^{2}

如用分贝（dB）表示可用式（5-23）计算出。

式（5-23）为：$E_{\mathrm{re}} = 107.2 + 20\lg f + P_{\mathrm{in}}(\mathrm{dBW}) + G_{\mathrm{t}}(\mathrm{dB}) - L_{\mathrm{b}}(\mathrm{dB})$

由上可见，接收地点场强电平可由发射天线的输入功率、增益、路径传输损耗及工作频率通过式（5-22）或式（5-23）计算得出。

式中 f 为频率（MHz），其他符号同本章第一节中"四"媒质中的电波传播。

在短波传播中，接收地点所需要的最小接收功率还取决于所要求的信噪比和噪声功率。

额定最小的发射功率取决于接收地点所需要的最小接收功率和传播损耗。

二、超短波接收点电磁干扰场强的计算

超短波电波传播从发射天线到达被接收天线分为经由地面反射和空间直射两部分，分别计算如下：

（一）地波干扰场强计算

超短波地面波干扰，主要是垂直极化波、超短波对地质的反应敏感，通常需要借助实验进行计算，而这类实验曲线是在一定条件下制作的，即发射功率为 1kW，天线为基本振子矮双极天线，实验曲线有很多种。因此本文将这些曲线列在附录之内，当工程需要时可参见这些曲线。

当干扰发射和被干扰接收的天线不是矮双极天线，而是其他天线时，干扰场强计算公式为式（5-47）。

$$E_{\text{地}} = E_0 \sqrt{P \times \left(\frac{D_1}{1.5}\right) \times \left(\frac{D_2}{1.5}\right)} \tag{5-47}$$

式中　E_0——实验场强，根据频率、距离和地质，从附录六的图附录六-1 至图附录六-10 的相关曲线查得；

　　　P——干扰发射天线辐射的功率；

　　　D_1——干扰发射天线的方位方向性系数；

　　　D_2——被干扰接收天线的方位方向性系数。

（二）空间波干扰场强计算

空间波指的是直射波，又称视距波。如上所述，地波绕射干扰主要是计算垂直极化波干扰。产生垂直极化波为主的天线主要是直立天线和矮双极天线。如果干扰发射和被干扰接收天线，不是直立天线或矮双极天线而是其他天线时，当频率在 150MHz 以上，电波主要是以直射传播形式传播。此时计算干扰可按空间波计算。

被干扰接收天线到干扰发射天线的距离与超短波的计算分为三种类型：0.8 几何视距内、几何视距附近和有效视距附近，下面分别进行计算。

1. 0.8 几何视距之内

被干扰接收天线距干扰发射天线在 0.8 几何视距之内时，计算干扰又分为三种情况：干扰发射和被干扰接收天线架设均较低；大于天线最小高度 10 倍以上；两天线的几何视距接近 0.8 倍。下边分别计算这三种情况：

1）第一种情况：干扰发射和被干扰接收天线架设均较低，离地面很近，在有效高度 10 倍以下，可以把大地看成"平面"。在这种情况下干扰发射天线辐射的电波有两条路径到达被干扰接收天线：直射路径和经地面反射路径。0.8 几何视距内空间波干扰场强的计算用式（5 - 48）：

$$E_{0.81} = 2180 \times \frac{\sqrt{P \times D_1 \times D_2 \times (h_s^2 + h_0^2) + (h_r^2 + h_0^2)}}{d^2 \lambda} \qquad (5 - 48)$$

式中　$E_{0.81}$——干扰场强（μV/m），式（5 - 48）适用于天线高度与最小有效高度之比，在最小有效高度的 10 倍以下；

　　　　P——干扰发射天线辐射的功率（kW）；

　　　　D_1——干扰发射天线方位方向性系数；

　　　　D_2——被干扰接收天线方位方向性系数；

　　　　h_s——干扰发射天线高度（m）；

　　　　h_r——被干扰接收天线高度（m）；

　　　　h_0——天线最小有效高度（m），由图 5 - 12 查得；

　　　　d——被干扰接收天线距干扰发射天线的距离（m）；

　　　　λ——干扰发射工作波长（m）。

天线最小有效高度与干扰发射天线和被干扰接收天线的实际高度无关，它由地质和设备工作频率决定。

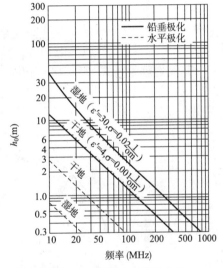

图 5 - 12　天线最小有效高度 h_0 与频率的关系

2）第二种情况：大于天线最小高度 10 倍以上。发射天线和被干扰接收天线架设的高度均大于天线的最小有效高度 10 倍以上，甚至计算干扰时可将最小有效高度忽略。属于此种情况计算超短波直射波干扰 E（μV/m）应用式（5 - 49）。

$$E_{0.82} = \frac{2180 \times \sqrt{P \times D_1 \times D_2}}{d^2 \lambda} \times h_s \times h_r \qquad (5 - 49)$$

式中物理量与式（5 - 48）相同。

式（5 - 49）适用天线高度与最小有效高度之比在最小有效高度的 10 倍以下和以上，式（5 - 48）和式（5 - 49）是不严格的，在具体运用时，可用如下两个判断条件：

（1）$(h_s + h_r)/d$ 的值小于表 5 - 2 中的数值；

（2）$h_s \times h_r$ 小于 $d\lambda/18$。

凡满足这两个条件的可运用式（5 - 48），否则运用式（5 - 49）。

$(h_s + h_r)/d$ 的范围

表 5-2

波长（m）	海水 $(h_s + h_r)/d$	潮湿土壤 $(h_s + h_r)/d$	干燥土壤 $(h_s + h_r)/d$	极化方式
10	8×10^{-4}	8×10^{-3}	10^{-2}	垂直
0.01	3×10^{-3}	8×10^{-3}	10^{-2}	垂直
10	任意值	0.08	0.045	水平
0.01	0.25	0.08	0.045	水平

3）第三种情况：两天线间的几何视距接近 0.8 倍，这时两者的距离对工作波长来说，已经是很远了，因此大地的曲率高度已显示出来，计算干扰时对此因素需加以考虑。属于此种情况时，计算干扰 E（$\mu V/m$）应用式（5-50）：

$$E_{0.83} = \frac{2180 \times \sqrt{P \times D_1 \times D_2}}{d^2 \lambda} \times h'_s \times h'_r \tag{5-50}$$

式中 h'_s、h'_r——考虑了地球曲率高度和大气对电波传播影响后干扰发射天线和被干扰接收天线的等效高度（m），$h'_s < h_s$，$h'_r < h_r$。

其他物理量与式（5-48）相同。h'_s 和 h'_r 用图 5-13 计算。

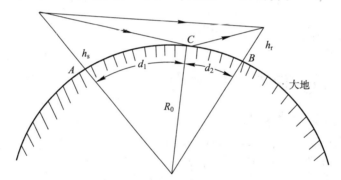

图 5-13 球面地上天线等效高度计算图

图中 d_1 为 AC 的大圆距离，d_2 为 CB 的大圆距离。h_s 和 h_r 分别为干扰发射天线和被干扰接收天线的实际高度，单位为 m。AB 为干扰发射和被干扰接收之间的距离。h'_s 和 h'_r 计算如下：

$$h'_s = h_s - \frac{d_1^2}{17.1}$$
$$h'_r = h_r - \frac{d_2^2}{17.1} \tag{5-51}$$

$$d_1 = \frac{h_s}{(h_s + h_r) \times \widehat{AB}}$$
$$d_2 = \frac{h_r}{(h_s + h_r) \times \widehat{AB}} \tag{5-52}$$

2. 几何视距附近

被干扰接收天线在干扰发射天线的几何视距附近，这时地面反射波不能到达被干扰天线，能到达被干扰接收天线的仅为空间的直射波。属于此种情况时，计算超短波干扰 $E_{附1}$（μV/m）用式（5-53）：

$$E_{附1} = \left[\left(173 \times 10^3 \times \sqrt{P \times D_1 \times D_2} \right) / d_0 \right] \cdot F\left(t_1, t_2 \right) \tag{5-53}$$

式中 $F\left(t_1, t_2 \right)$——在几何视距附近电波传播的损耗因子，由式（5-41）计算；

$\qquad d_0$——被干扰接收天线到干扰发射天线的标准距离，由式（5-46）计算。

其他物理量与式（5-48）相同。

3. 有效视距附近

被干扰接收天线在干扰发射天线的几何视距之外，地球曲率高度和大气折射作用已很显著，空间波直射到不了被干扰接收天线，到达被干扰接收天线的电波主要是大气折射的那一部分能量。属于此种情况计算超短波干扰 $E_{附外}$（μV/m）用式（5-54）。

$$E_{附外} = E_0 \times \sqrt{P \times D_1 \times D_2} \times F\left(h_s \right) \times F\left(h_r \right) \tag{5-54}$$

式中 E_0——与式（5-47）相同；

$\qquad D_1$——干扰发射天线方位方向性系数；

$\qquad D_2$——被干扰接收天线方位方向性系数；

$F\left(h_s \right)$——干扰发射天线的高度函数，其值由附录六的图附录六-11和图附录六-12的相关曲线查得；

$F\left(h_r \right)$——被干扰接收天线的高度函数，其值由附录六的图附录六-11和图附录六-12的相关曲线查得；

$\qquad P$——发射功率（kW）。

超短波干扰的计算要根据距离、频率以及天线高度等因素确定应该运用哪一个公式，然后才能开始计算。

（三）山地电波的传播损耗

山地电波传播路径较为复杂，现以图5-14为例计算折射点 C 点值。

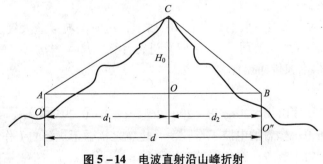

图5-14 电波直射沿山峰折射

山区干扰计算公式：

$$E_{AB} = 44.76057 - 20\lg d + 10\lg P + 10\lg D_1 + 10\lg D_2 - L \quad \text{（dBmV）} \tag{5-55}$$

式中 d——被干扰接收天线到干扰发射天线的距离（km）；

P——干扰发射天线辐射的功率（kW）；

D_1——干扰发射天线方位方向性系数；

D_2——被干扰接收天线方位方向性系数；

L——障碍物对电波的损耗（dB）。

第五节　微波波段电磁干扰传播损耗计算

一、概述

微波的频率高，从300MHz～300GHZ都属微波范围。它比长波、中波及短波的频率高得多，因而很难进到这些波段的接收设备里形成干扰，同样这些设备也难对微波设备形成干扰。

另处微波由于微波源、传输系统及接收设备的功率一般都不是很大，因而微波的功率要比其他波段小得多，从而会减轻对别的波段的干扰。

再有一点是微波的发射，天线的方向性要比其他波段好得多，所以它的方位方向性系数及增益和主轴方向上的方向性系数及增益与其他波段相比，衰减得快，因而在干扰方向上形成的干扰要轻。微波波段的电磁噪声主要来源不是外部，而是内部，即微波器件本身。

二、微波传播损耗

微波传播损耗根据频段的划分，在8000MHz以下的波段仍可用式（5-56）的对流层散射传播损耗公式进行估算。

（一）对流层散射传播损耗的值

由于各地温度不同，因而所造成大气厚度和不均匀气团转入旋涡密度不同，所以计算方法也不尽相同。总的来说计算较复杂，下面仅列出一个简便的估算方法。

$$L = 0.08 \times (d - 100) \text{dB} + 52 \text{dB} \tag{5-56}$$

式中　d——干扰源到接收器的地球大圆距离（km）。d的使用条件是：d在100km到400km之间。

但是作为卫星通信天线一般的仰角在10°以上，这时电波穿透大气层的距离小，因而大气对微波的损耗小，所以要用式（5-57）进行计算。

（二）卫星通信电波传播损耗

1. 上行线路损耗

$$L = 32.4118 \text{dB} + 20 \lg f \text{dB} + 20 \lg 42644 \times \sqrt{1 - 0.2954 \cos\alpha\cos\beta} \text{ dB} \tag{5-57}$$

式中　f——地球向卫星辐射的电波工作频率（也就是辐射干扰源的工作频率）（MHz）；

α——地球辐射干扰源所在位置的纬度（°）；

β——卫星的经度和地球辐射干扰源的经度之差（°）。

2. 下行线路损耗

下行线路损耗仍可应用式（5-57）进行计算，不过不同的是下行频率和上行频率不同，下行的距离要依地球上接收器的位置的不同，计算值也不相同。对于工业及民用智能建筑只计算下行线路的损耗。

（三）微波地面传播损耗

所谓微波地面传播损耗是指微波辐射设备和微波中继的电波在地面大气层中远距离传播的损耗，L的值：

$$L = P_t + G_t + G_r - F - P_r \tag{5-58}$$

式中　L——微波地面传播损耗（dB）；

　　P_t——干扰源辐射的功率（dBW）[①]；

　　G_t——干扰源天线的增益，是在接收器方向上的增益（dB）；

　　G_r——接收器天线的增益，是在干扰源方向上的增益（dB）；

　　F——接收器和干扰源所在位置高于地平线之上的障碍物的屏蔽损耗（dB）；

　　P_r——接收器的灵敏度（dBW）。

三、微波辐射安全限值

依据《电磁辐射暴露限值和测量方法》GJB 5313-2004（军用标准）规定了军用短波、超短波、微波辐射设备工作时，在作业区、生活区电磁辐射暴露安全允许限值：

（一）主题内容与适用范围

本标准规定了军用短波、超短波微波辐射设备工作时，在作业区工作人员电磁辐射暴露的安全限值和生活区内居住的各类人员电磁辐射暴露的安全限值。

（二）术语

1. 作业区 work area：短波、超短波和微波发射设备操作及维修保养人员工作区域。

2. 生活区 inhabitant area：短波、超短波和微波发射设备工作时辐射场内居住的各类人员所处的区域。

3. 短波、超短波、微波波段频率范围

（1）短波 short wave：频率为 3～30MHz，相应波长为 100～10m 范围内的电磁波。

（2）超短波 ultrashort wave：频率为 30～300MHz，相应波长为 10～1m 范围内的电磁波。

（3）微波 microwave：频率为 300～300000MHz，相应波长为 1～0.001m 范围内的电磁波。微波一般指分米波、厘米波、毫米波波段。

4. 功率密度 power density：在空间某点上，用单位面积上功率表示的能量值。计量单位为：W/m^2（mW/cm^2）或（$\mu W/cm^2$）。

5. 脉冲波和连续波：脉冲调制的微波信号称为脉冲波，连续振荡的微波信号称为连续波。

6. 暴露限值 exposure limit：辐射区域的辐射电平不能超过的规定值。暴露限值可以采用平均电场强度、平均功率密度、日剂量表示。

7. 暴露时间 exposure duration：作业区工作人员及生活区内居住的各类人员累积暴露时间。计量单位为：h。

[①] dBW 是功率的单位，功率为 1W 时，即用 0dBW 表示。

8. 日剂量 daily dosage：一日接受短波、超短波或微波辐射的总量。等于平均功率密度与暴露时间的乘积。计量单位为：$W \cdot h/m^2$。

（三）技术内容

作业区、生活区短波、超短波、微波辐射设备工作时，工作人员及居住的各类人群，非离子电磁辐射暴露的安全限值如表5-3~表5-6所示。

作业区短波、超短波、微波连续波暴露限值　　　　　　　表5-3

频率 (f) MHz		连续暴露平均电场强度 V/m	连续暴露平均功率密度 W/m²	间断暴露一日剂量 W·h/m²
短波	3~30	$82.5/\sqrt{f}$	$18/f$	$144/f$
超短波	30~300	15	0.6	4.8
微波	300~3×10^3	15	0.6	4.8
	3×10^3~10^4	$0.274\sqrt{f}$	$f/5000$	$f/625$
	10^4~3×10^5	27.4	2	16

间断暴露最高允许限值：3MHz~10MHz 时为 $610/f$V/m，10MHz~400MHz 时为 10W/m²，400MHz~2×10^3MHz 时为 $f/40$W/m²，2×10^3MHz~3×10^5MHz 时为 50W/m²。

作业区短波、超短波、微波脉冲波暴露限值　　　　　　　表5-4

频率 (f) MHz		连续暴露平均电场强度 V/m	连续暴露平均功率密度 W/m²	间断暴露一日剂量 W·h/m²
短波	3~30	$58.5/\sqrt{f}$	$9/f$	$72/f$
超短波	30~300	10.6	0.3	2.4
微波	300~3×10^3	10.6	0.3	2.4
	3×10^3~10^4	$0.194\sqrt{f}$	$f/10000$	$f/1250$
	10^4~3×10^5	19.4	1	8

间断暴露最高允许限值：3MHz~10MHz 时为 $305/f$V/m，10MHz~400MHz 时为 5W/m²，400MHz~2×10^3MHz 时为 $f/80$W/m²，2×10^3MHz~3×10^5MHz 时为 25W/m²。

生活区短波、超短波、微波连续波暴露限值　　　　　　　表5-5

频率 (f) MHz		平均电场强度 V/m	平均功率密度 W/m²
短波	3~30	$58.5/\sqrt{f}$	$9/f$
超短波	30~300	10.6	0.3
微波	300~3×10^3	10.6	0.3
	3×10^3~10^4	$0.194\sqrt{f}$	$f/10000$
	10^4~3×10^5	19.4	1

生活区短波、超短波、微波脉冲波暴露限值　　表 5 − 6

频率（f）MHz		平均电场强度 V/m	平均功率密度 W/m^2
短波	$3 \sim 30$	$41/\sqrt{f}$	$4.5/f$
超短波	$30 \sim 300$	7.5	0.15
微波	$300 \sim 3 \times 10^3$	7.5	0.15
	$3 \times 10^3 \sim 10^4$	$0.137\sqrt{f}$	$f/20000$
	$10^4 \sim 3 \times 10^5$	13.7	0.5

（四）多个电磁辐射总辐射水平的评价方法

1. 使用选频式场强时，具有不同工作频率的多个电磁辐射体在同时工作的总辐射水平应满足下式要求：

$$\sum_i \sum_j \frac{Q_{i,j}}{L_{i,j}} \leqslant 1$$

式中　$Q_{i,j}$——第 i 个辐射体在第 j 个频率的辐射水平（V/m 或 W/m^2）；

　　　$L_{i,j}$——第 i 个辐射体在第 j 个频率的暴露安全限值（V/m 或 W/m^2）。

2. 使用非选频式宽带场强测量仪时，具有不同工作频率的多个电磁辐射工作时的总辐射水平应满足下式要求：

$$\sum_m \sum_n \frac{Q_{mn}}{L_{m,n}} \leqslant 1$$

式中　Q_{mn}——m 频段内的总辐射水平（V/m 或 W/m^2），当 $n = 0$ 时为连续波工作方式时为脉制方式；

　　　$L_{m,n}$——m 频段内的暴露安全限值（V/m 或 W/m^2），当 $n = 0$ 时为连续波工作方式时为脉制方式。

第六节　卫星电视接收地面站的传输损耗计算

一、全向有效辐射载波功率的计算

（一）全向有效辐射载波功率

从卫星到达地面站的电视信号是以射频载波传送的，其强度可以用发射天线的全向有效辐射载波功率，或以定向发射天线的中心轴向辐射的载波功率来衡量，其符号为 P_E，$P_E = EIRP$（全向有效辐射载波功率）。P_E 又称等效全向辐射功率，也是人们通常讲的星上转发器的等效全向辐射功率。这个 P_E 功率在卫星直播电视系统中的计算是一个非常重要的指标。对于不是星上发射的天线增益最大方向的其他地区，等效全向辐射功率也要相应降低。通常把在地面上 $EIRP$ 相同的点用线连起来做成 $EIRP$ 值的等值功率辐射图。$EIRP$ 的计算公式如下：

$$P_E = EIRP = P_T - L_F + G_T \quad (\text{dBW}) \tag{5 − 59}$$

式中　P_T——发射机输出功率或发射功率（dBW）；

　　　L_F——馈线损耗（dB）；

G_T——天线增益（dB）。

$$G_T = \frac{2\pi A_R}{\lambda^2} n = \left(\frac{\pi D}{\lambda}\right)^2 n \tag{5-60}$$

式中　A_R——天线开口面积；

　　　D——天线直径；

　　　n——天线效率；

　　　λ——工作波长。

天线直径越大或频率越高，天线增益 G_T 也就越大。

在设计卫星电视接收地面站时，首先要查 *EIRP* 值的等值功率辐射图或计算出当地的等效全向辐射功率 *EIRP* 值，这样才能使计算得到比较正确的结果。但是对于仅满足土建工程的卫星电视接收站的设计，不一定要求得到精确的数值，可通过估算求得。

（二）射频载波传输损耗

产生射频载波传输损耗的因素有两个：一个是电波的波束散射要随着传播距离的增加而越来越大，因而单位面积的波束能量随着距离的增加而减少。另一个是电波在传输过程中会遇到空间的障碍物，例如微粒障碍的吸收和反射而受到衰减。在自由空间的射频载波全程传输损耗 L_P 可由式（5-61）表示：

$$L_P = \left(\frac{4\pi D}{\lambda}\right)^2 \tag{5-61}$$

当用分贝（dB）表示时：

$$L_P = 10\lg\left(\frac{4\pi D}{\lambda}\right)^2 \quad (\text{dB}) \tag{5-62}$$

式中　d——电波传输距离（km）；

　　　λ——电波波长（cm）。

例如：当 $d=40000$km，$\lambda=7.5$cm，即工作频率为4GHz，则 $L_P = 10\lg\left(\frac{4\times3.14\times4\times10^7}{7.5\times10^{-2}}\right)^2 = 196.5$dB。同样当 $d=40000$km，$\lambda=5$cm，即工作频率为6GHz，则 $L_P=200$dB。传输距离越大，频率越高，传输损耗也越大。当以频率为参数时，传输损耗与距离的关系如图5-15所示。

这里需要说明的是，L_P 中考虑了波长的影响，实质上是因为波长的变化使接收天线的有效面积变化，进而使接收功率变化，等效为传输损耗的变化。另外，这里的传输损耗 L_P 是以电波在自由空间中传输时得出的。实际上，星载转发器辐射的电磁波在到达接收点的过程中，除在自由空间中传输外，还要在大气中、雨和雪中传输。设计中必须加以注意。在考虑了上述因素之后，总的传输损耗应该是自由空间（真空）的传输损耗、降雨损耗和大气损耗三者之和，即：

$$L_S = L_P + L_R + L_a \tag{5-63}$$

式中　L_S——传输的总损耗；

　　　L_R——由气象条件引起的传输损耗，称为雨损耗；

　　　L_a——气流中空气吸收引起的传输损耗，称为大气损耗；

　　　L_P——电波在自由空间中的传输损耗。

大气引起的损耗中，气流层中传输的损耗量如图 5 - 16 所示。

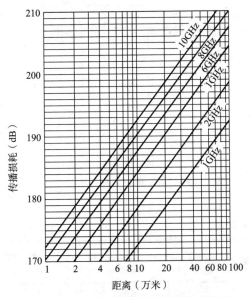

图 5 - 15　传输损耗与距离频率的关系图

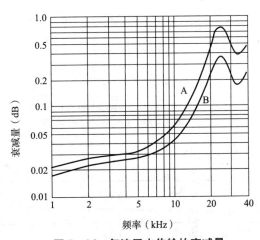

图 5 - 16　气流层中传输的衰减量

A—海平面上；B—海平面上空 2km 处

由于我国各地卫星直播接收天线的仰角大约在 20°~60° 范围内，现以天线仰角 45° 为例，当采用 12GHz 时，电波损耗的实测结果如图 5 - 17 所示。图中有效距离 d_e 的定义是：电波在完全同等雨量的雨中通过 d_e 时的衰减量与电波的有效衰减量相等。由图可见，雨量越大有效距离越短，这意味着大雨时的衰减更加集中。

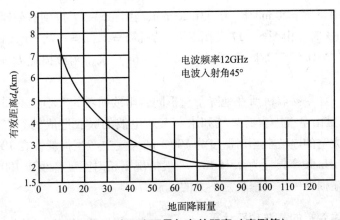

图 5 - 17　地面降雨量与有效距离（实测值）

计算时，根据接收点的降雨量求出有效距离 d_e，再按下式求雨致损耗 L_R：

$$L_R = Z_0 \cdot d_e \quad (\text{km}) \tag{5-64}$$

式中　Z_0——电波在雨中传播 1km 的衰减量，其值为：

$$Z_0 = r \cdot R^n \quad (\text{dB/km}) \tag{5-65}$$

式中　R——降雨量（mm/min）。表 5 - 7 中的月降雨量，是历史记载中雨量最大的月降雨量，月平均降雨量是一年中降雨量最大的一个月的平均降雨量；

r、n——频率 f 的函数，如图 5-18、图 5-19 所示。

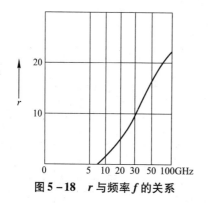

图 5-18 r 与频率 f 的关系

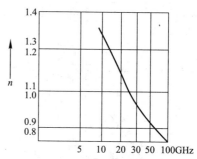

图 5-19 n 与频率 f 的关系

部分城市的降雨量   表 5-7

地名	年平均降雨量（mm/h）	月平均降雨量（mm/h）	月降雨量（mm/h）	地名	年平均降雨量（mm/h）	月平均降雨量（mm/h）	月降雨量（mm/h）
广州	1694.1	293.8（5月）	797.1（75.5）	沈阳	734.5	196.0（7月）	365.2（53.7）
汕头	1554.9	339.1（6月）	705.0（55.7）	大连	658.7	175.6（7月）	387.3（63.7）
武汉	1204.5	290.5（6月）	567.9（54.7）	长春	593.8	183.5（7月）	404.1（70.7）
上海	1123.7	158.9（6月）	333.6（57.7）	哈尔滨	523.3	160.7（7月）	310.2（52.7）

例：某地的降雨量为 20mm/h，接收机工作频率为 12GHz，接收天线仰角为 45°，计算电波的雨致损耗 L_R。

解：根据降雨量 $R = 20$mm/h $= 0.33$mm/min，由图 5-17 得到有效距离 $d_e = 5$km。当工作频率 $f = 12$GHz 时，由图 5-17 及图 5-18 查得 $r = 2$，$n = 1.2$，代入式（5-65）得到 $Z_0 = 2 \times (0.33)^{1.2} = 0.535$dB/km，最后由式（5-64）求得雨致损耗 $L_R = Z_0 d_e = 0.535 \times 5 = 2.68$dB。

由计算可见，如果接收机所在地降雨量不同，雨致损耗的大小也不同。

空气损耗 L_a 是由空气中含有氧气和水蒸气对电波的吸收造成的。它们的吸收程度与频率有关。来自太空的电波在相对湿度为 100% 的大气中产生损耗，在 12GHz 频率时损耗为 0.1dB，对 14GHz 频率损耗为 0.15dB。一般情况下相对湿度都小于 100%，故其损耗还要小。所以，传输损耗中空气损耗是不大的。

二、接收机输入端的载波功率计算

（一）接收系统输入端载波功率 P_R 的计算

接收系统输入端的载波功率用 P_R 表示。如前所述，电磁波在自由空间中传播时，传输的距离很远，能量分布的空间很广，从而能量密度越小，或者说场强越弱。接收机接收到的载波功率（又称信号功率）可用下式表示：

$$P_R = \frac{P_T G_T A_R n}{4\pi d^2} = P_T G_T G_R \left(\frac{\lambda}{4\pi d}\right)^2 \tag{5-66}$$

式中　P_T、G_T——分别为接收的对端站的发射功率和发射天线增益，G_T 的计算见式（5-60）。

$\quad\quad\quad G_R$——地面站接收天线的增益，其值为：

$$G_R = \frac{4\pi A_R}{\lambda^2}n = \left(\frac{\pi D}{\lambda}\right)^2 n \qquad (5-67)$$

式中各参数的含义与式（5-60）相同。

（二）自由空间传播损耗 L_P 的计算

自由空间的传播损耗 L_P，又称传播方程式，由式（5-68）计算。

$$L_P = \left(\frac{4\pi D}{\lambda}\right)^2 \qquad (5-68)$$

当用分贝（dB）表示时，则为：

$$L_P = 10\lg L_P = 10\lg\left(\frac{4\pi D}{\lambda}\right)^2 \qquad (5-69)$$

根据式（5-66）：$P_R = P_T G_T G_R \left(\frac{\lambda}{4\pi d}\right)^2$，将式（5-68）的 L_P 代入，则

$$P_R = \frac{P_T G_T G_R}{L_P} \qquad (5-70)$$

如前所述，卫星电视信号在向地面传输过程中，除了自由空间损耗外，还有遇到降雨损耗和大气损耗。另外还有从接收天线到接收机的馈线损耗，所以总的传输损耗 L_S 应该是：

$$L_S = L_P + L_R + L_a + L_F \qquad (5-71)$$

所以，式（5-70）也可用下式表达：

$$P_R = \frac{P_T G_T G_R}{L_S} \qquad (5-72)$$

在实际设计中，由于 L_R、L_a 值较小，往往可忽略不计。但是，馈线所产生的损耗则不可忽视，根据计算表明，若有 0.1dB 的馈线损耗，就能产生近 7°K 的噪声。在实际工作中，为了减少馈线所产生的损耗，总是采取将低噪声放大器尽量靠近天线，以缩短馈线长度来减少馈线损耗，以及同轴电缆不要弯曲等措施。

（三）地面站接收系统输入端的载波接收功率

地面站接收系统输入端的载波接收功率，由式（5-73）来表示：

$$\begin{aligned} P_R &= P_E - (L_P + L_a) + (G_R - L_R) = \\ &\quad (P_T - L_F + G_T) - (L_P + L_a) + (G_R - L_R) \text{ dBW} \end{aligned} \qquad (5-73)$$

式中　L_a——大气引起的损耗（dB）；

$\quad\quad\quad G_R$——接收天线增益（dB）；

$\quad\quad\quad L_R$——接收馈线引起的损耗（dB）；

$\quad\quad\quad P_R$——接收系统输入端接收到的载波功率（dBW）；

$\quad\quad\quad P_E$——全向有效辐射载波功率或定向天线轴向辐射功率（dBW）；

$\quad\quad\quad L_P$——射频载波全程传输损耗（dB）；

$\quad\quad\quad P_T$——卫星发射功率（dBW）；

$\quad\quad\quad L_F$——卫星发射天线馈线损耗（dB）；

G_T——卫星发射天线增益（dB）。

式中所有的发射数据都是指对端站的发射数据。

例：当 $G_R = 58.94dB$，$P_E = 10dBW$，$L_P = 196.5dB$（频率为 4GHz 时），$L_R = 0.14dBW$，L_a 忽略不计时，代入式（5-73），则求得地面站的卫星接收系统输入端的载波接收功率 $P_R = -127.7dBW$。

第六章 工、科、医（ISM）设备防护允许限值及防护间距的计算

在前几章中介绍工业干扰源电磁干扰特性及允许值，然而，被干扰的电子设备及人体究竟容许遭受多大的辐射场强及干扰电压的干扰，防护间距多少，才能够达到电磁兼容、相互共存呢？本章将分别叙述灵敏的电子设备，工业与民用智能建筑间及人体受电磁干扰的容许限值及应有的防护间距。

第一节 工、科、医（ISM）设备电磁干扰特性及其允许限值

工业、科学和医疗设备（简称 ISM 设备）、家用和其他类似目的而产生和（或）使用射频能量的设备或器具以及放电加工（EDM）与弧焊设备的电磁骚扰特性的限值，是指那些可能产生对 0.15MHz ~ 18GHz 频段内无线电接收造成干扰的设备。我国《工业、科学和医疗（ISM）射频设备电磁骚扰特性限值和测量方法》GB 4824 - 2004 标准规定了端子干扰电压允许限值、辐射场强允许限值，但辐射场强允许限值中不包括应用电信、信息技术和其他国家标准所规定的设备数值。

一、工、科、医（ISM）设备的分类与分组

ISM 设备的制造商或供应商所提供的设备在一般情况下都会在产品的标签或标牌或产品说明书中表明设备所属的类别和组别。

（一）分类

1. A 类设备

非家用和不直接连接到住宅低压供电网设施中使用的设备。A 类设备满足 A 类限值要求。在应用中需要注意以下两点：

1）不能满足 A 类限值，但对无线电业务并不造成难以接受的降级的 A 类设备，须以个案申请并经国家无线电管理机构批准后方可使用。

2）虽然 A 类限值是用于工业和商业，如有必要的附加抑制措施，管理机构也可以在家用设施或直接连接家用供电网的设施上安装和使用 A 类设备。

2. B 类设备

家用商务和直接连接到住宅低压供电网设施中使用的设备，B 类设备应满足于 B 类限值。

（二）分组

1. 1 组设备总目：实验室设备、医疗设备、科研设备等包括下列细目设备：

1 组设备细目

信号发生器具	称量计	信号发生器具	称量计
测量接收机	化学分析仪、频谱分析仪	流量计	开关电源（指非装入另一设备内）
频率计	电子显微镜		

　　2. 2组设备总目：微波设备、工业感应加热设备、家用感应炊具、介质加热设备、工业微波加热设备、家用微波炉、医用器具、放电加工（EDM）设备，可控硅控制器、教育和培训用演示模型等，点焊机、弧焊设备也属于这类组别。包括下列细目设备：

2 组设备细目

金属融化设备	饼干烘焙设备	塑料焊接设备
木材加热设备	食品解冻设备	塑料预热设备
部件加热设备	纸张干燥设备	食品加工设备
钎焊和铜焊设备	纺织品处理设备	短波治疗设备
管子焊接设备	粘胶固化设备	微波治疗设备
木材胶粘设备	材料预热设备	高压特斯拉变换器演示模型、皮带发电机等

二、工、科、医（ISM）设备电磁干扰防护限值

　　工业、科学、医疗射频设备在工作的同时，还会产生无用的电磁辐射，其中包括较强的辐射近区场。由于这类设备大多数都存在频率不稳定问题。其瞬间频率特性可能变化几kHz，因而它所产生的干扰频谱很宽。

　　（一）工、科、医设备使用的频率

　　根据 GB 4824 - 2004 标准，我国指配给工、科、医设备作为基波频率使用的频率如表6 - 1 所示。

工、科、医设备使用的基波频率　　　　　　　　　　表 6 - 1

中心频率/MHz	频率范围/MHz	最大辐射限值	中心频率/MHz	频率范围/MHz	最大辐射限值
6. 780	6. 765 ~ 6. 795	正在考虑中	5800	5725 ~ 5875	不受限制
13. 560	13. 553 ~ 13. 567	不受限制	24125	24000 ~ 24250	不受限制
27. 120	26. 957 ~ 27. 283	不受限制	61250	61000 ~ 61500	正在考虑中
40. 680	40. 66 ~ 40. 70	不受限制	122500	122000 ~ 123000	正在考虑中
2450	2400 ~ 2500	不受限制	245000	244000 ~ 246000	正在考虑中
说明	"不受限制"适用于指配频段内的基波和所有其他频率分量				

　　（二）各类各组工、科、医设备电磁干扰允许限值

　　1. A类工科医设备可由制造厂提出在试验场或现场测量。

　　注：由于受试设备本身的大小，结构复杂程度和操作条件等因素，某些工科医设备只能通过现场测量来判定它符合相关标准规定的辐射骚扰限值。

　　2. B类工科医设备应在试验场进行测量。

　　下列设备的骚扰正在考虑中：

　　1）螺柱弧焊设备和用于引弧和稳弧的弧焊装置；

2）放射设备；

3）外科用射频透热设备。

表6-3～表6-9中的限值适用于表6-1中未包括的所有频率上的各种电磁骚扰。在过渡频率上采用较小的限值。

3. 工作在工、科、医频段2.45GHz和5.8GHz的工、科、医照明设备，采用2组B类工科医设备的限值。

（三）端子骚扰电压限值

1. 受试设备应同时满足用平均值检波接收机测量时所规定的平均值限值和用准峰值接收机测量时所规定的准峰值限值；或者用准峰值检波接收机测量时满足平均值限值；信号线的骚扰电压限值，规范没有作出规定。

2. 9～150kHz频段

在9～150kHz频段，除感应炊具外，设备电源端子骚扰电压限值以及在现场测量的2组A类工、科、医设备的限值，国家标准GB 4824-2004没有作出规定。

3. 150kHz～30MHz频段

1）连续骚扰

（1）150kHz～30MHz频段内的电源端子骚扰电压限值在表6-2中规定，但表6-1指配设备使用的频段内电源端子骚扰电压的限值以及在现场测量的2组A类工、科、医设备的限值在国家标准GB 4824-2004里没有作出规定；

在试验场测量的A类B类设备电源端子骚扰电压限值　　　表6-2

频段（MHz）	A类设备限值 dB（μV）						B类设备限值 dB（μV）	
	1组		2组		2组②		1组和2组设备	
	准峰值	平均值	准峰值	平均值	准峰值	平均值	准峰值	平均值
0.15～0.5	79	66	100	90	130	120	66～56 随频率对数线性缩小	56～46 随频率对数线性缩小
0.5～5	73	60	86	76	125	115	56	46
5.0～30	73	60	90～70 随频率对数线性缩小	80～60 随频率对数线性缩小	115	105	60	50

注：①应注意满足漏电的要求。
②电流大于100A相，使用电压深头或适当的V型网络（LISN或AMN）

注：应注意满足漏电流的要求

（2）在试验场测量时，A类放电加工设备（EDM）和弧焊设备采用表6-2中A类设备的电源端子骚扰电压限值；

（3）B类弧焊设备在试验场测量时，电源端子骚扰电压限值采用表6-2中B类设备的限值。

2）家用或商用感应炊具

对于家用或商用感应炊具（2组B类设备）其限值采用表6-3中限值。

感应炊具电源端子骚扰电压限值 表 6 - 3

频段/MHz	感应炊具限值/dB（μV）	
	准峰值	平均值
0.009 ~ 0.050	110	—
0.050 ~ 0.1485	90 ~ 80 随频率对数线性减小	—
0.1485 ~ 0.50	66 ~ 56 随频率对数线性减小	56 ~ 46 随频率对数线性减小
0.50 ~ 5	56	46
5 ~ 30	60	50

注：对于额定电压为 100V/110V 系统的电源端子骚扰电压限值在考虑中。

3）断续骚扰

对于诊断用 X 射线发生装置，因以间歇方式工作，其喀呖声限值表 6 - 2 中的连续骚扰准峰值加 20dB。

4. 30MHz 以上频段

1）30MHz 以上频段不规定端子骚扰电压限值。

2）电磁辐射骚扰限值低于 30MHz 频段的限值是指电磁辐射骚扰的磁场分量。30MHz ~ 1GHz 频段的限值是指电磁辐射骚扰的电场分量。1GHz 以上的限值是指电磁骚扰的功率。

（四）工、科、医（ISM）A 类、B 类设备电磁兼容设计电磁骚扰限值

1. 150MHz ~ 1GHz 频段

除表 6 - 1 所列的指配频率范围外，150MHz ~ 1GHz 频段内的电磁辐射骚扰限值规定如下：1 组 A 类和 B 类设备在表 6 - 4 中规定，2 组 B 类设备在表 6 - 5 中规定，2 组 A 类在表 6 - 6 中规定，对于 A 类 EDM 设备和弧焊设备如表 6 - 4 所示，对属于 2 组 B 类的感应炊具，其限值如表 6 - 9 所示，保护特殊安全业务的专门条款和限值如表 6 - 10 所示。

在某些情况下，2 组 A 类设备可在试验场 10m 和 30m 之间的距离测量，1 组或 2 组 B 类设备可在 3m 和 10m 之间的距离测量。在有争议的情况下，2 组 A 类设备应在 30m 距离测量，1 组或 2 组 B 类设备（以及 1 组 A 类设备）应在 10m 距离测量，如表 6 -4 所示。

2. 150MHz ~ 1GHz 频段内的电磁辐射骚扰限值

1）1 组 A 类、B 类设备的电磁辐射骚扰限值如表 6 - 4 所示

1 组设备 A 类、B 类和 A 类 EDM 设备和弧焊设备的电磁辐射限值 表 6 - 4

频段（MHz）	骚扰限值/dB（μV/m）			准峰值/dB（μV/m）
	在试验场		在现场	在试验场测量时
	1 组 A 类设备测量距离 10m	1 组 B 类设备测量距离 10m	1 组 A 类设备测量距离 30m（指设备所在建筑物外墙的距离）	A 类 EDM 和弧焊设备的电磁辐射骚扰限值测量距离 10m
0.15 ~ 30	在考虑中	在考虑中	在考虑中	—
30 ~ 230	40	30	30	80 ~ 60 随频率对数线性减小
230 ~ 1000	47	37	37	60

注：准备永久安装在 X 射线屏蔽场所的 1 组 A 类和 B 类设备，在试验场进行测量，其电磁辐射骚扰限值允许增加 12dB。安装在对 30MHz ~ 1GHz 频率范围的无线电骚扰至少提供 12dB 衰减的防 X 射线。

2）2 组 B 类设备的电磁辐射骚扰限值（表 6 - 5）

2 组 B 类设备电磁辐射骚扰限值（在试验场测试时） 表 6-5

频段/MHz	电场强度/dB（μV/m）测量距离 10m		磁场强度/dB（μA/m），测量距离 10m
	准峰值	平均值	准峰值
0.15 ~ 30	—	—	39 ~ 3 随频率对数线性减小
30 ~ 80.872	30	25	—
80.872 ~ 81.848	50	45	—
81.848 ~ 134.786	30	25	—
134.786 ~ 136.414	50	45	—
136.414 ~ 230	30	25	—
230 ~ 1000	37	32	—

注：平均值仅适用于磁控管驱动的设备。当磁控管驱动设备在某些频率超过准峰值限值时，应在这些频率点用平均值检波器进行重新测量，并采用本表中的平均限值。

3）2 组 A 类设备的电磁辐射骚扰限值（表 6-6）

2 组 A 类设备的电磁辐射骚扰限值 表 6-6

频段/MHz	限值/dB（μV/m）（测量距离为 D）				
	D 指与所在建筑物外墙的距离②	在试验场距离受试设备 D=10m	频段/MHz	D 指与所在建筑物外墙的距离②	在试验场距离受试设备 D=10m
0.15 ~ 0.49	75	95	81.848 ~ 87	43	63
0.49 ~ 1.705	65	85	87 ~ 134.786	40	60
1.705 ~ 2.914	70	90	134.786 ~ 136.414	50	70
2.914 ~ 3.95	65	85	136.414 ~ 156	40	60
3.95 ~ 20	50	70	156 ~ 174	54	74
20 ~ 30	40	60	174 ~ 188.7	30	50
30 ~ 47	48	68	188.7 ~ 190.979	40	60
47 ~ 53.91	30	50	190.979 ~ 230	30	50
53.91 ~ 54.56	30（40）①	50（60）①	230 ~ 400	40	60
54.56 ~ 68	34	50	400 ~ 470	43	63
68 ~ 80.872	43	63	470 ~ 1000	40	60
80.872 ~ 81.848	58	78			

注：①我国分别采用 30 和 50。
②对于在现场测量的受试设备，只要测量距离 D 在辖区的周界以内，测量距离从安装受试设备的建筑外墙算起，$D=（30+X/a）$（单位为 m）或 $D=100$m，两者取小者。当计算的距离 D 超过辖区的周界时，则 $D=X$ 或 30m，两者取大者。在计算上述数值时：X 是安装受试设备的建筑外墙和用户辖区周界之间在每一个测量方向上最近距离；$a=2.5$（频率低于 1MHz），$a=4.5$（频率等于或高于 1MHz）。

3. 1 ~ 18GHz 频段内 2 组 B 类工、科、医设备的电磁辐射骚扰限值

1）1 ~ 18GHz 频段内 2 组 B 类工、科、医（ISM）设备的电磁辐射骚扰限值如表 6-7 所示。

工作频率 400MHz 以上产生连续骚扰的 2 组 B 类工、科、医设备的电磁辐射骚扰限值和加权限值　　　　表 6−7

频段/GHz	产生连续骚扰的 2 组 B 类的电磁辐射骚扰峰值限值 [①]	2 组 B 类的电磁辐射骚扰加权限值 [②]
	场强/dB（μV/m），测量距离 3m（GB 4824−2004 中表 6 限值）	场强/dB（μV/m），测量距离 3m（GB 4824−2004 中表 8 限值）
1~2.4	70	60
2.5~5.772	70	60
5.875~18	70	60

注：①峰值测量采用 1MHz 分辨率带宽和不小于 1MHz 的视频信号带宽。
　　②加权测量采用 1MHz 分辨率带宽和 10Hz 的视频信号带宽。

2）产生波动连续骚扰的 2 组 B 类工、科、医设备的电磁辐射骚扰峰值限值如表 6−8 所示。

产生波动连续骚扰的 2 组 B 类工、科、医设备的电磁辐射骚扰峰值限值　　　表 6−8

频段/GHz	场强/dB（μV/m）（测量距离 3m）	频段/GHz	场强/dB（μV/m）（测量距离 3m）
1~2.3	92	5.875~11.7	92
2.3~2.4	110	11.7~12.7	73
2.5~5.725	92	12.7~18	92

注：峰值测量采用 1MHz 分辨率带宽和不小于 1MHz 的视频信号带宽。

4. 18~400GHz 频段内电磁辐射骚扰限值

国家标准 GB 4824−2004 对 18~400GHz 频段内限值尚未作出规定。

（五）2 组 B 类的感应炊具的磁场感应电流及磁场强度的允许限值

对属于 2 组 B 类的感应炊具磁场感应电流及磁场强度的允许限值如表 6−9 所示。

2 组 B 类的感应炊具环绕受试设备的 2m 环天线内磁场感应电流及磁场强度允许限值　　　表 6−9

频段/MHz	环绕受试设备的 2m 环天线内磁场感应电流限值（准峰值限值）/dB（μA）		磁场强度限值
	水平分量	垂直分量	准峰值限值 dB（μV/m）（测量距离 3m）
0.009~0.07	88	106	69
0.07~0.1485	88~58 随频率对数线性减小	106~76 随频率对数线性减小	69~39 随频率对数线性减小
0.1485~4	—	—	39~3 随频率对数线性减小
0.1485~30	58~22 随频率对数线性减小	76~40 随频率对数线性减小	—
4~30	—	—	3
说明	1. 表中限值适用于对角线尺寸小于 1.6m 的家用感应炊具 2. 此表限值为国家标准 GB 4824−2004 表 3a 值		1. 表中限值适用于商用感应炊具和对角线尺寸大于 1.6m 的家用感应炊具 2. 此表限值为国家标准 GB 4824−2004 中表 3b 值

三、对安全业务的保护规定

设计工、科、医系统时，应避免在有关安全业务的无线电频段内出现基波或高电平假信号和谐波信号。这些业务的具体频段依据工程实际确定。

为保护特定区域内的特种业务，国家或地方无线电管理机构可能要求进行现场测试并满足表 6-10 的要求。

在特定区域内保护特种安全业务的电磁辐射骚扰允许限值　　　表 6-10

频段/MHz	限值 dB（μV/m）	在设备所在建筑物外，离外墙的距离（m）
0.2835 ~ 0.5265	65	30
74.6 ~ 75.4	30	10
108 ~ 137	30	10
242.95 ~ 243.05	37	10
328.6 ~ 335.4	37	10
960 ~ 1215	37	10

注：1. 许多航空通信业务需要对垂直辐射的电磁骚扰加以限制，以及为使这类系统正常工作的必要措施。

2. 安全业务的范围包括：无线电导航台、航空无线电定向信标、海运安全信息、动态遇险指示事故位置无线电信标，航空器机动装置（搜索与营救）、航空无线电导航标志信标、无线电导航卫星，航空移动式卫星、海事搜索与营救，航空微波着陆、机载雷达与信标及其他雷达系统等和其他业务。

四、保护高灵敏度的无线电业务的规定

为了保护特定区域内的高灵敏度业务，在可能发生有害干扰的情况下，国家有关部门可能要附加抑制措施或指定隔离区。因此，建议在那些业务频段中避免基波或高电平谐波信号的辐射出现。这些业务频段的具体频率依据工程实际而定。高灵敏度无线电业务范围包括：射电天文、卫星下行线路、无线电导航下行线路、标准频率和时间信号、飞行测试遥控技术和其他业务等。

第二节　信噪比和防卫度及合法干扰源防护间距的计算

一、信噪比的计算

信噪比又称为防护率，系统或设备在干扰的作用下，被传输或控制的信息中就会掺杂一定的有影响的干扰信号，这种干扰信号所占的分量，在模拟系统中常采用信噪比（即有用信号功率 S 与干扰信号功率 N 之比 S/N）表示，或用对数形式表示，单位用 dB，如式（6-1）所示。

$$R = 10\lg\frac{S}{N} = 20\lg\frac{E_\text{S}}{E_\text{N}} \tag{6-1}$$

式中　R——信噪比，或称防护率（dB）；

S——有用信号功率（指最低有用信号功率）（W、μW、pW）；

E_s——最低有用信号场强（μV/m）；

N——干扰信号功率（W、μW、pW）；

E_N——干扰信号场强（μV/m）。

各国对信噪比数值的规定是不完全相同的，具体数值参见相关专业资料。

二、防卫度的计算

（一）合法干扰源场强计算

合法干扰设备都会辐射作为一定用途的功率而对其他用途的设备如控制、通信设备、线路等产生干扰，而被干扰的设备与有源干扰源应有一定防护间距或防护率（或防卫度）。对此有的专门有规定，对没有专门规定的需进行计算。防卫度计算时，首先要计算出合法有源干扰的场强值，合法有源干扰场强的计算式见式（6-2）。

$$E_N = \frac{\sqrt{30P_t G_t}}{d} \tag{6-2}$$

E_N——发射设备到计算点处的场强（V/m）；

P_t——总的辐射输出功率（W）；

G_t——发射天线的增益（dB）；

d——发射天线到计算点之间的距离（m）。

式（6-2）是特定条件下的场强计算，对于其他频段的干扰场强计算参见第四章、第五章。

图6-1绘出了发射源与计算点之间的距离与场强的关系曲线参见本章第五节。

（二）防卫度的计算

当计算出或实际测出干扰场强 E 后，就知道被干扰设备的最低有效信号场强 E_s（或从产品说明书上查得或进行实测）。根据不同行业的规定，不同设备有不同的防护要求，对于有线电设备则称防卫度，一般可按式（6-3）计算：

$$R_A \leqslant E_{sd} - E_{nd} \tag{6-3}$$

式中 R_A——防卫度（dB）；

E_{sd}——有用信号场强（dB）；

E_{nd}——干扰信号场强（dB）。

（三）合法干扰源防护间距计算

对合法干扰源的防护间距计算，综合式（6-1）、式（6-2）、式（6-3）可分别导出，无线电设备与合法功能源和有线电设备、线路与合法功能源的防护间距计算。

1. 无线电设备与功能源的防护间距为：

$$d = \frac{\sqrt{30P_t G_t}}{E_s} \times 10^{R/20} \times 10^6 \tag{6-4}$$

2. 有线电设备，线路与合法功能源的防护间距为：

$$d = \frac{\sqrt{30P_t G_t}}{10^{(E_{sd} - R_A)}} \times 10^6 \tag{6-5}$$

按公式计算出的防护间距偏大，实际可小一点，式（6-4）、式（6-5）符号的意义和单位与式（6-1）、式（6-2）相同。

第三节 工、科、医设备电磁干扰防护间距的计算

一、防护间距的计算

工业、科学、医疗设备产生无线电干扰的场强值计算，已在前面第四、第五章做了叙述。本章第二节依据信噪比（又称防护率）和防卫度的计算公式导出了合法功能源的防护间距计算，下面叙述工、科、医（ISM）设备的防护间距的计算。凡是在本章第一节所述的允许限值及其标准中对 ISM 的防护间距尚未做出规定的可按式（6-6）~式（6-8）计算。

由于工、科、医射频辐射设备在工作的同时，还会产生无用的电磁辐射，其中包括较强的辐射近区场。而且这类设备大多数都在频率不够稳定的情况下工作，其瞬间频率特性可能变化较大，如几 kHz，因而产生的干扰频谱很宽。

干扰源场强在 30~300MHz 频段可取衰减的平均值。若地形变化凸凹增大，因遮蔽、吸收、散射以及绕射波的散焦等效应，将导致场强减弱，因此其衰减就只能用统计方法来测定。当与干扰源距离大于 30m 时，在规定高度上的预期场强随 $1/d^A$ 而变化。这里，d 为离干扰源的距离，A 为衰减率。A 的取值范围大约为 1.3~2.8。在开阔的乡村地区，$A \approx 1.3~1.8$；在建筑物林立的城市地区，$A \approx 2.8$；对其他具有多种不同地形，A 采用 2~2.2。当离干扰源距离大于 30m 时，衰减影响的干扰场强可按式（6-6）计算，如果计算结果右边大于左边值，对灵敏电子设备需采取措施，如屏蔽等。

$$E_{nd} \geq E_{30} - 20A\lg \ (d/30) \tag{6-6}$$

式中　E_{nd}——离干扰源的距离为 d（m）处的最小干扰场强（dBμV/m）；

E_{30}——离干扰源的距离为 30m 处的干扰场强（dBμV/m）；

E_{30} 和 A 值既可由有关标准给出，也可通过测试后确定。CISPR/B（秘书处）37 号文件建议采用的 A 值如表 6-11 所示。当被保护的是机载接收装置时，$A=1$。

CISPR/B（秘书处）建议的衰减率 A 值　　　　　　　　　表 6-11

频段（MHz）	衰减率 A	频段（MHz）	衰减率 A
0.15~0.285 低频广播	-2.7	1.605~100	-2
0.15~0.285 航空信标	-2.8	100~450	-1.8
0.285~0.490 航空信标	-2.8	450~1000	-1.3
0.490~1.605	-2.7		

判断 ISM 设备对接收设备是否构成干扰影响，主要是根据在接收点的信号场强与干扰场强之比 E_{sd}/E_{nd} 是否满足干扰防卫度 R_A 的要求，这里，E_{sd} 是为了保证在接收点的信号具有所要求的质量所需最低的信号场强，能满足式（6-7）的要求：

$$E_{sd} - E_{nd} \geq R_A \tag{6-7}$$

则表示接收设备受到了充分保护，能正常工作。将式（6-7）代入式（6-6）可得

干扰防护距离 d_0。

$$d_0 \geq 30 \times 10^{\left(\frac{E_{30} - E_{sd} + R_A}{20A}\right)} \qquad (6-8)$$

式（6-7）及式（6-8）中

E_{sd}——接收点的信号场强（为保证在接收点处的所需最低信号场强）（dB、dBμV/m）；

E_{nd}——干扰信号场强（dB、dBμV/m）；

E_{30}——离干扰源的距离为30m处的干扰场强（dBμV/m）；

R_A——防卫度（dB、dBμV/m）；

d_0——干扰防护距离（发射天线距离计算点之间的距离）（m）。

二、防护限值

工、科、医（ISM）设备的防护限值参见本章第一节表6-2~表6-10及本章第七节、第八节。

第四节　工、科、医高频加热装置的电磁干扰防护限值、干扰场强及防护间距的计算

工业、科学和医疗射频设备（简称 ISM 设备）是指那些可能产生对 0.15MHz ~ 18GHz 频段内无线电接收造成干扰的设备。它是通过射频振荡将 50Hz 交流电变为射频的变频装置，例如工业用的感应和电介质加热设备，医疗用电热和外科手术工具，超声波发生器、微波炉等。

一、作业场所高频辐射安全卫生标准及允许限值

为了保护广播发射台站、高频淬火、高频焊接、高频熔炼、塑料热合、射频溅射、介质加热、短波理疗等高频设备的工作人员和高场强环境中其他工种作业人员的身体健康而制定的。

我国高频辐射作业安全标准为：

工作频率适用范围：100kHz ~ 30MHz

场强标准限值：$E \leq 20V/m$

$\qquad\qquad\qquad H \leq 5A/m$

二、甚高频辐射作业安全标准及允许限值

依据我国国家标准 GB 10437 - 1989，甚高频辐射作业对从事超短波理疗、甚高频通信、发射以及甚高频工业设备，科研实验装备等工作环境的电磁辐射场强允许限值与相关规范。具体规定为：

（一）名词术语

（1）甚高频辐射

甚高频辐射（超短波）系指频率为 30 ~ 300MHz 或波长为 10 ~ 1m 的电磁辐射。

（2）脉冲波与连续波

以脉冲调制所产生的超短波称脉冲波；以连续振荡所产生的超短波称连续波。

（3）功率密度

单位时间、单位面积内所接收甚超高频辐射的能量称功率密度，以 P 表示，单位为 mW/cm^2。在远区场，功率密度与电场强度 E（V/m）或磁场强度 H（A/m）之间的关系式如下：

$$P = \frac{E^2}{3770}$$

$$P = 37.7H^2 \qquad\qquad (6-9)$$

（二）卫生标准限值

参见第五章第五节项"三"微波辐射安全限值中的超短波限值。

三、高频加热装置的电磁干扰场强及防护间距的计算

高频电炉的振荡频率一般都在广播、通信、导航的频率范围内，因此各国都规定了允许标准，并对干扰场强和防护间距进行计算，若超过允许标准都要采取屏蔽措施。

工、科、医高频加热装置干扰场强及防护间距计算，根据高频加热装置商品参数情况可以有两种计算方法。一种是按高频加热装置的工作频率和感应器的工作电流；另一种是将高频加热装置的工作线圈等效成环状天线。下面分别叙述这两种计算方法。

（一）按高频加热装置的工作频率和工作电流计算干扰场强及防护间距

1. 场强计算

1）单个工作线圈

高频电炉产生的总场强，主要由其工作线圈产生，因此，每个工作线圈产生的场强可用下式计算：

$$E_1 = 314 \frac{ISNf}{d^2} \qquad\qquad (6-10)$$

式中　I——线圈工作电流（A）；

　　　S——线圈截面积（m^2）；

　　　N——线圈圈数；

　　　f——线圈工作电流频率（kHz）；

　　E_1——高频电炉产生的总场强（mV/m）；

　　　d——线圈至测量点的距离（防护间距）（m）。

2）多个工作线圈

如果有若干个线圈，而线圈间的距离与 d 相比很小时，则场强的矢量和可近似看作代数和，此时总的场强为：

$$E = 314 \sum_{k=1}^{n} \frac{I_K S_K N_K f_K}{d_k^2} \qquad\qquad (6-11)$$

式中　n——线圈的个数。

2. 防护间距计算

由式（6-10）可得防护间距

$$d = \sqrt{314 \frac{ISNf}{E_1}} \qquad\qquad (6-12)$$

（二）按高频加热装置的工作线圈等效成环状天线，计算干扰场强和防护间距

1. 高频加热装置辐射功率

现以工业射频加热装置为例进行计算。对于射频加热装置的计算通常是把设备的工作线圈视为辐射天线，把高频加热感应线圈看成环状天线线圈。辐射功率与线圈辐射电阻 R_a 及辐射器线圈中通过电流的平方的乘积成正比，其计算公式为式（6-13）：

$$P_t = R_a I_{rms}^2 \tag{6-13}$$

式中 I_{rms}——槽路电流（A）；

R_a——感应线圈辐射电阻，$R_a = 640 \dfrac{\pi^4 s^2}{\lambda^4}$，其中线圈面积 $S = \pi r^2$

经过换算可得：

$$R_a = 7.59 \times 10^{-5} r^4 f^4 \tag{6-14}$$

式中 r——感应线圈半径（m）；

f——工作频率（MHz）（计算谐波时按谐波频率）。

2. 场强计算

线圈辐射出的场强与线圈增益有关，并与距离成反比衰减，可用式（6-15）计算：

$$E = \frac{\sqrt{30 P_t G_t}}{d} \tag{6-15}$$

式中 E——线圈辐射出的场强（V/m）；

P_t——辐射功率（W），按式（6-13）计算；

G_t——天线线圈增益，一般取 1.5；

d——被测点离辐射线圈之间的距离（m）。

高频电炉场强计算与实测值的比较如表 6-12 所示。

100kW 高频炉泄漏场强计算和现场测试参考值　　　　表 6-12

高频炉辐射线圈至干扰物之间距离（m）	线圈直径（m）	场强值（dB）					
		工作频率 0.23MHz，线圈槽路电流 7A		工作频率 0.69MHz，线圈槽路电流 5A		工作频率 0.75MHz，线圈槽路电流 4A	
		计算值	测试参考值	计算值	测试参考值	计算值	测试参考值
20		35	42.5	51.2	62	50.7	57
26		32.7	40	48.9	53	48.4	51
64		24.9	34.9	41.05	46	40.6	46
106	0.2	20.5	32	36.7	41	36.2	39
211		14.5	22	30.7	36	30.2	33
400		9.0	12	25.1	29	24.7	30
500		—		23.2	25	22.7	25

注：①其端子电压的允许限值参见本章第一节表 6-2 的数值。
　　②其允许场强限值参考本章第一节中 2 组 A 类设备的表 6-6 允许限值。

3. 防护间距计算

由式（6 – 15）可得防护间距 d：

$$d = \frac{\sqrt{30P_t G_t}}{E} \tag{6 – 16}$$

第五节　工业及民用智能建筑电磁干扰防护允许限值及防护间距的计算

一、一般工业及民用智能建筑电磁干扰防护允许限值及防护间距的计算

（一）防护间距计算

工业企业及民用建筑的选址要考虑一些有源合法干扰，例如电视发射台、差转台、广播发射台、雷达站等的辐射场强对临近电子设备、设施或系统的影响和对人体的危害。假定有某一居民点的宿舍区，它离电视发射台究竟应有多少防护间距，才能避免发射台对人身的影响呢？根据式（6 – 2）计算出场强和距离。

$$E = \frac{\sqrt{30P_t G_t}}{d}$$

求得

$$d = \frac{\sqrt{30P_t G_t}}{E} \tag{6 – 17}$$

式中　E——发射设备到该居民区的场强；

P_t——发射机功率；

G_t——发射天线增益；

d——防护间距。

（二）计算示例

设电视台输出功率为10kW（P_t），发射天线增益为1.3（G_t），在400MHz 时居民区电磁干扰环境电场强度允许限值为7V/m，试计算两者之间的防护间距，依据上式可得防护间距：

$$d = \frac{\sqrt{30P_t G_t}}{E} = \frac{\sqrt{30 \times 10 \times 10^3 \times 1.3}}{7} = 89.2\text{m}$$

根据此计算，居民区离电视发射台90m 远对人身无影响。但从公式得知其防护间距与发射功率有关，一般可从表6 – 13 查得防护间距。但表中可以看出同样的功率下1 ~ 10MHz 的防护间距随频率升高为线性增加到最大值，而2000 ~ 10000MHz 的防护间距随频率升高为线性减少到最小值，因此在具体设计时最好要落实发射机的功率、天线增益及频段，以便准确地计算出防护间距。对于其他工、科、医射频设备、微波发射设备，同样也要考虑其防护间距。但计算防护间距时应注意以下几点：

1. 干扰场强的值应分别按不同频段的场强计算公式进行计算或实测现场实际干扰场强值。

2. 式（6 – 2）是特定条件下的场强计算式，计算的结果偏大，实际可要小一些，仅作为工业企业和民用智能建筑防护间距估算用。

3. 表 6-13 的值是依据式（6-2）的计算的值，居民区、医院病员的容许场强限值见本章第一节和第七章第五节相关部分。

广播发射台、电视发射台、雷达站的防护间距（m）　　　　　　　　　表 6-13

区域	间距（m） 频率（MHz）	有源干扰广播、电视发射台、雷达站，天线增益平均 1.3					
		发射机功率（W）					
		10	100	1000	10000	50000	100000
居民区的距离	0.1~1.0	1	3	10	31	70	99
	1.0~10	1~3 线性增加	3~9 线性增加	10~28 线性增加	31~89 线性增加	70~200 线性增加	99~282 线性增加
	10~2000	3	9	28	89	200	282
	2000~10000	3~1.3 线性减少	9~4 线性减少	28~13 线性减少	89~42 线性减少	200~93 线性减少	282~132 线性减少
	10000~100000	1.3	4	13	42	93	132
医院病房的距离	0.1~1.0	5	16	50	156	350	494
	1.0~10	5~10 线性增加	16~32 线性增加	50~100 线性增加	156~312 线性增加	350~700 线性增加	494~988 线性增加
	10~2000	10	32	100	312	700	988
	2000~10000	10~5 线性减少	32~16 线性减少	100~50 线性减少	312~156 线性减少	700~350 线性减少	988~494 线性减少
	10000~100000	5	16	50	156	350	494

二、对合法有源电磁干扰源防护间距的计算

这里讲的合法有源电磁干扰源系指图 6-1 所列的设备和设施。

（一）图解方法

合法有源干扰是指功能源的干扰，功能源本身正常辐射功率作为一定功能之用的各类无线电发射装置，包括军用、民用、陆地、空中、海上各类雷达发射、导航辐射体（包括低频导航）发射机、AM/FM（调幅/调频）广播、VHF-TV、UHF-TV 广播电视、业余地面通信等。合法有源的发射机是一个定向辐射体，它用于带有天线的载波发射机到有天线的定向接收机的远距离的传输通道产生电场强度而造成电磁干扰的设施。这些设施的特点：

辐射的功率有自己的用途，但是正常运行时也对一些本身不需要此功率的设备产生干扰，如对控制设备、通信设备、线路等产生干扰。因此，此类设备与功能源应有一定防护间距和防护率（或称防卫度），对此有的专门做了规定，有的没有做规定，对没有作出规定的可根据式（6-20）计算有源干扰的场强值，也可以参照图 6-1 来确定上述辐射源的干扰场强值。

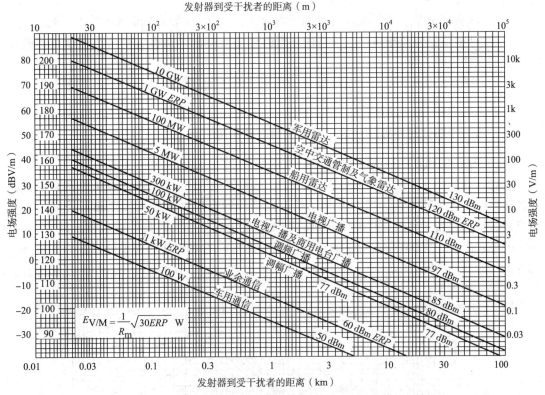

图6-1　合法干扰无线电波在自由空间电场强度到发射机距离和有效辐射功率（ERP）的关系曲线图

图6-1中 x 轴线表示从发射机辐射源到干扰位置为 10m ~ 100km 的距离。左边 y 轴线内列为 dBμV/m，外列为 dBV/m 计的辐射电平，而右边 y 轴线的计量单位为 V/m。参数相当于美国广播服务的典型或最大容许有效辐射功率的一些特殊辐射源。例如：如果干扰位置于闹市区办公大楼最顶层，距另一幢建筑物顶层 100kW 的 FM 广播线约 50m 远，那么由图6-1中查出的电场强度约等于 30V/m。

（二）合法有源电磁干扰场强简易估算法

1. 无线电发射机产生的干扰以电场强度为主，发射机的功率密度与产生的有效辐射功率（ERP）的关系式为：

$$P_{D} = ERP/4\pi R^2 \tag{6-18}$$

其中 R 为发射器到受干扰者的距离，单位为 m。电场强度为：

$$E = \sqrt{P_{D} \cdot Z_{w}} \tag{6-19}$$

其中 Z_{w} 为无线电波传输阻抗，其值为 $120\pi = 337\Omega$。结合上两式，由于 $ERP = P_{t}G_{t}$ 可得：

$$E = \frac{1}{R}\sqrt{30ERP}$$
$$\tag{6-20}$$
或
$$E = \frac{1}{R}\sqrt{30P_{t}G_{t}}$$

图6-1提供各类合法的无线电波发射装置在不同距离处产生的电场强度，这些数值即利用上面公式求得。

2. 在应用图 6 – 1 时，需注意以下两点：

1）这些数值是基于视距条件（见图中方程式），而不包括低频辐射体的地面波；

2）这些数值是以位于建筑物或车辆外面的环境为基础，没有包括将在下面叙述的建筑物或车辆造成的衰减。

3. 在图 6 – 1 中没有列出的其他设备的功率、防护间距等的计算参见本章第七节、第八节。

三、建筑物墙体对外界产生的辐射电波的衰减计算

（一）建筑物和车辆造成的衰减

上述内容是存在于建筑物或车辆外面的电磁环境。为了决定产品和设备通常需要知道安装在内部的电磁环境，这里需要利用建筑物结构的自然屏蔽来衰减电磁环境威胁。图 6 – 2 表明一个相当于有砖石和玻璃立面的钢筋混凝土建筑物的典型的建筑物衰减分布图，从图中可看出 30 ~ 300MHz 部分的衰减量较低，这是因为建筑物表面的厚度相当接近 $\lambda/2$ 的等级。此外，低频处的衰减量相当高，其斜率为 20dB/10 倍频（dB/decade）。

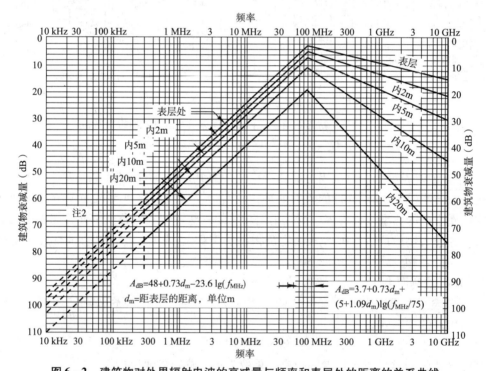

图 6 – 2　建筑物对外界辐射电波的衰减量与频率和表层处的距离的关系曲线

注：1. 建筑物内含钢筋；2. 此图是针对电场强度的；3. 电场 E 及磁场 H 在 1MHz 以下的频率时衰减很快，在 10kHz 时几乎为 0dB

图中 x 轴上频率是从 10kHz ~ 10GHz，y 轴是结构墙体提供的衰减量，参数值相当于从立面处到干扰处位置的距离。例如，对 AM 广播站，在 1MHz 时希望建筑物衰减在立面内 2m 处为大约 50dB 左右。FM 发射机在 100MHz 时的相应衰减是 7dB，而 L 频段机场雷达在 1300MHz 时的衰减是 13dB。

电磁辐射噪声是来自建筑物外的合法无线电波发射源，则建筑物表面及钢筋结构对电磁辐射会产生相当程度的衰减，如表 6 - 14 所示。因此，建筑物内的电场强度比建筑物外自由空间中的要小，其衰减量按建筑物的种类不同而有差异。图 6 - 2 所示为一般建筑物中电场衰减参考数据。使用时，可按实际距离及工作频率找出相对应的衰减量，再由求得的空间电场强度值减去此衰减量，即为建筑物内该距离处的电场强度值。

（二）建筑物对电磁辐射的反射干扰

在我国的一些大小城市，不断地出现高层建筑和构筑物，如北京、深圳、上海等地高楼大厦林立，这些建筑物使各种电磁波产生反射、折射，对于无用的干扰信号起到一定衰减作用，对降低干扰值是有好处的，但对有用的信号，如通信、广播、电视等又将起有害的作用。无线信号穿越墙体阻挡电波传播损耗如表 6 - 14 所示。

室内无线信号穿越墙体阻挡电波传播损耗表 　　　　表 6 - 14

墙类 损耗 频率	轻墙	玻璃	单层墙	砖砌墙	混凝土墙
≤2500MHz	≤5 ~ 8	≤3 ~ 5	≤10	≤15 ~ 20	≤20 ~ 35

第六节　航空无线电导航设备（台、站）对电磁干扰的允许限值及防护间距

一、航空无线电导航设备（台、站）电磁干扰允许防护限值

为使无线电导航设备（台、站）与周围电磁环境兼容、其干扰允许和防护间距，国家标准《航空无线电导航台站电磁环境要求》GB 6364 - 1986 中作了规定。航空无线电导航设备（台、站）的业务内容及其干扰允许限值如表 6 - 15 所示。

GB 6364 - 1986 规定的 ISM 设备干扰允许值及其衰减特性 　　　　表 6 - 15

防护业务	频率范围 （MHz）	防护率 （dB）	干扰衰减率	离 ISM 设备用户边界 30m 处的干扰 允许值 dB（μV/m）
中波导航台（NDB）	0.150 ~ 0.535	9	$d^{-2.8}$	85
超短波定向台、航向信标台、下滑信标台、全向信标台	108 ~ 400	14	d^{-1}	40

二、中波导航台（NDB）

中波导航台是发射垂直极化波无方向性发射台。机载无线电罗盘接收中波导航台发射的信号、引导飞机沿着预定航线飞行、归航和进场着陆，它包括机场近/远距导航台、航线导航台。近、远距离导航台安装在机场跑道中心延长线上，距跑道端 1km ~ 11km 之间。导航台防护间距和防护率如表 6 - 16 所示。

中波导航台的防护间距及防护率　　　　　　　　　　　表 6 – 16

工作频率（kHz）	150 ~ 700	以天线为中心在500m半径以内	不得有110kV以上高压架空输电线
作用距离（km）	以天线为中心半径为150	以天线为中心在150m半径以内	不得有铁路、电气化铁路、架空金属缆线、金属堆积物，电力排灌站等
作用距离内最低场强（dB）	北纬40°以北为37dB，以南为42dB		
对工、科、医设备防护率（dB）	9	以天线为中心在120m半径以内	不得有高于8m的建筑物
干扰衰减率	$d^{-2.8}$		
对其他有源干扰防护率（dB）	15	以天线为中心在50m半径以内	不得有高于3m的建筑物、单棵树或片树林
离ISM设备用户边缘30m处干扰允许值（dBμV/m）	85		

三、超短波定向台

超短波定向台是一种具有自动测向装置的无线电定向设备，通过接收机载电台信号，测定飞机的方位，引导飞机归航，辅助飞机进场着陆，配合机场监视雷达识别单架飞机。其防护率和防护间距如表 6 – 17 所示。

超短波定向台防护率及防护间距　　　　　　　　　表 6 – 17

电台工作频率（MHz）	电台最低信号场强	对ISM设备防护率	离ISM设备用户边界30m处的干扰允许值dB（μV/m）	对其他有源干扰防护率	干扰衰减率	防护间距半径（以天线为中心）				
						700m以内	500m以内	300m以内	70m以外	70m以内
（100 ~ 400）118 ~ 150 225 ~ 400	39dB（90μV/m）	14 dB	40	20 dB	d^{-1}	不得有110kV及以上的高压输电线	不得有35kV及以上高压线、电气化铁路、树林	不得有架空金属线缆、铁路、公路	建筑物高度不超过天线处地面为准的2.5°垂直张角	不得有建筑物（机房除外）、树木

四、仪表着陆系统装置

仪表着陆系统由航向信标台、下滑信标台、指点信标台三个子系统组成。为飞机提供航向通道、下滑道和距跑道着陆的距离信息，引导飞机进场着陆。

（一）航向信标台

航向信标台常设在跑道中心延长线上，距跑道终端100~600m处，其防护率和防护间距如表 6 – 18 所示。

航向信标台防护率及防护间距　　　　　　　　　　　表 6 - 18

航向信标台工作频率（MHz）	干扰衰减率	覆盖区内对调频广播干扰防护率	覆盖区内工、科、医设备防护率	覆盖区内最低信号场强	保护区内（从航向信标台天线300m或至跑道终端以最大者为准）	天线前向 ±10°、距天线阵 3km 区域内
（100～400）108～111.975	d^{-1}	17dB	14dB，其他有源干扰防护率20dB	32dB（40μV/m）	不得有树木、高杆作物、建筑物、架空金属缆线，电源线、电话线采用电缆埋地	不得有高于 15m 的建筑物、高压输电线等大型反射物体

（二）下滑信标台

下滑信标台安装在跑道着陆端以内跑道的一侧，距跑道中心线 120～200m，距跑道着陆端约 300m。防护率和防护间距如表 6 - 19 所示。

下滑信标台防护率和防护间距　　　　　　　　　　表 6 - 19

工作频率（MHz）	干扰衰减率	覆盖区内防护率		保护区	
		对工、科、医设备防护率	覆盖区最低信号场强	A 区内不得有（靠天线400m内）	B 区内不得有（靠天线900m以内）
（100～400）328.6～335.4	d^{-1}	14dB 其他有源干扰防护率20dB	52dB（400μV/m）	高于 0.3m 农作物及其他	高于 10m 的反射物

（三）指点信标台

指点信标台常安装在距跑道端 1～11km 之间，防护率及防护间距如表 6 - 20 所示。

指点信标台防护率及防护间距　　　　　　　　　　表 6 - 20

工作频率（MHz）	干扰衰减率	覆盖区内对有源干扰防护率	覆盖区最低信号场强	在保护区内不得有
75	d^{-1}	23dB	64dB（1.5mV/m）	超出地网或天线阵最低单元为基准，垂直张角为20°的障碍物

五、全向信标台

全向信标与机载全向信标接收机配合工作，能全方位、不间断地向飞机提供方位信息，用于引导飞机沿预定航向飞行、归航和进场着陆。可分机场全向信标台和航线全向信标台两种。机场全向信标台通常安装在跑道中心延长线上，距跑道端 360m～11km 之间，其防护率和防护间距如表 6 - 21 所示。

全向信标台防护率及防护间距　　　　　　　　　　表 6 - 21

工作频率（MHz）	覆盖区内				防护间距半径（以天线为中心）				
	干扰衰减率	对调频广播防护率	最低信号场强	对工、科、医设备防护率	360m		150～300m	150m	
					内	外		内	外
108～117.975（100～400）	d^{-1}	17dB	39dB（90μV/m）	14dB（其他设备干扰防护20dB）	不得有架空金属线缆	电源线、电话线从200m以外电缆埋地	不得有高于9m的独立树木，300m以外树木高度不超过天线顶部为基准垂直张角2°	不得有树木、金属栅栏、拉线	金属栅栏、拉线高度不应超天线为基准1.5°垂直张角

六、测距台

测距台与机载设备配合工作，能不间断地为飞机提供距离信息，引导飞机沿航线飞行，进场着陆。其防护率和防护间距依据 GB 6364 - 1986 中的规定，如表6 - 22所示。

测距台防护率和防护间距　　　　　　　　　　　表6 - 22

工作频率（MHz）	覆盖区内		
	最低信号场强	最低峰值脉冲功率密度	各种有源干扰的防护率
960 ~ 1215	63dB（1.38mV/m）	-83dB（W/m²）	8dB

七、导航塔（台）

导航塔（台）与机载设备配合工作，能不间断地为飞机提供方位和距离信息，引导飞机沿预定航线飞行、归航、辅助飞机进场着陆，通常安装在机场内或跑道中心延长线上。其防护率和防护间距如表6 - 23所示。

导航塔（台）和防护率和防护间距　　　　　　　　表6 - 23

工作频率（MHz）	覆盖区内			防护间距半径（以天线为中心）	
	最低信号场强	最低峰值脉冲功率密度	有源干扰防护率	300m 以内	300m 以外
962 ~ 1213	60dB（1mV/m）	-86dB（W/m²）	8dB	不得有铁路、架空金属缆线，电源线、电话线用电缆300m 开始埋地敷设，场地应平坦开阔	不得有超过天线高度的植物区和障碍物

八、雷达搜索系统

（一）导航着陆雷达距跑道的距离

雷达系统系微波发射设备，应用十分广泛，在一定条件下和一定范围内造成辐射污染。一般雷达设备由发射机和接收机两部分组成。由于雷达天线是在旋转的，会使周围环境空间受到较严重的电磁污染，其强度一般从几十 $\mu W/cm^2$ 到几十 mW/cm^2，甚至会更大。当有多台雷达同时工作时，必须注意微波辐射能量的叠加。下面是针对民航机场雷达系统台（站）提出的防护间距要求。

（二）机场着陆雷达系统台（站）防护间距

（1）着陆雷达台（站）向着落飞机方向交替发射水平和垂直扫描波束，接收飞机的反射回波，测定其位置，引导飞机进场着陆。着陆雷达安装在跑道中部的一侧，距跑道边缘不少于100m。

（2）工作频率为9370 ± 30MHz，在覆盖区内距天线500m 内不得有高于以天线为基准0.5°垂直张角的障碍物，其他保护应符合超短波定向台要求。

第七节　调幅收音台和调频电视转播台与
公路的防护允许间距及计算

为了使调幅收音台和调频电视转播台与附近高速公路、一级和二级汽车专用公路之间保持一定的距离，做到经济合理、正常工作，依据国家标准《调幅收音台和调频电视转播台与公路的防护间距标准》GB 50285 - 1998 规定，公路与调幅收音台和调频电视转播台之间必须保持最低允许的防护间距。

一、适用频率范围

用于接收信号的频率为 526.5kHz ~ 26.1MHz 的调幅收音台和频率为 48.5 ~ 223MHz 的调频电视转播台以及高速公路、一级和二级汽车专用公路保持最低允许的防护间距。

二、允许防护间距及防护间距的计算方法

1. 允许防护间距

接收台、转播台与公路的防护间距，不应小于表 6 - 24 的规定。

接收台、转播台与公路防护间距（m）　　　　　　　　　表 6 - 24

接收台类别 公路级别	调幅收音台	调频转播台	电视转播台
高速公路	120	250	350
一、二级汽车专用公路	120	300	400

注：①调幅收音台的防护间距，以汽车火花点火发动机产生的辐射干扰在中短波频段不会超过 100m。
　　②防护间距是指从靠近接收台一侧公路的路肩外缘到接收台最近接收天线的水平距离。

2. 防护措施

当调频电视转播台的防护间距不满足表 6 - 24 的规定时，可通过测量，并按式（6 - 21）防护间距的计算方法进行计算确定。仍不满足要求时，可选取下列防护措施，以减低干扰：

1）在靠近接收台一侧公路的外缘，可采用屏蔽措施，抑制干扰辐射；

2）公路经过接收台附近时，宜从接收台非主要接收信号方向一侧通过；

3）宜采用架高天线或选用方向性强的天线等方法，改进接收台的接收天线；

4）可采用微波或卫星传输信号等方法，改变信号的传输方式。

3. 调频电视转播台的防护间距应按下式计算：

$$D = 10 \times 2^{\frac{N_{10} - S + R}{B}}$$
　　　　　　　　　　　　　　　　　　　　　　　　　　（6 - 21）

式中　D——防护间距（m）；

N_{10}——距公路 10m 处，给定置信水平和时间概率的无线电干扰统计场强值，可按表 6 - 25 取值；

S——调频电视收转信号场强值（dBμV/m）；

R——调频（包括立体声）转播所需信噪比应按 27dB 计算，电视转播所需信噪比

应按 39dB 计算；

B——每倍程距离干扰场强衰减量，应按 6dB 计算。

N_{10} 的实测统计场强值（dBμV/m）

表 6 – 25

接收台类别 公路级别	调频转播台	电视转播台	
		VHF（Ⅰ）（48.5 ~ 92.0MHz）	VHF（Ⅱ） （167.0 ~ 223.0MHz）
高速公路	36	35.5	39.5
一、二级汽车专用公路	41.8	40	41

第八节　中、短波广播发射台与电缆载波通信系统的防护间距计算

依据国家标准《中、短波广播发射台与电缆载波通信系统的防护间距标准》GBJ 142 – 1990 规定了中、短波频段范围内的无线电波发射台（站）地址选择及电缆载波通信系统工程之间的距离。为了保证中、短波广播发射台（站）和电缆载波通信系统正常工作，电缆载波通信线路及设备，应符合以下要求：

一、适用频率范围

中波广播发射台（站）526.2 ~ 1606.5kHz

短波广播发射台（站）2.3 ~ 26.1MHz

二、中波广播发射台与电缆载波通信系统的电场强度及防护间距计算

（一）当计入大地导电率时，电场强度必须进行实测；当不计大地导电率时，中波广播信号的电场强度可按式（6 – 22）计算：

$$E = 60 + 20\lg\frac{300\sqrt{P}}{r} \tag{6 – 22}$$

式中　*E*——中波广播信号的电场强度（dBμV/m）；

　　　P——中波广播发射台的有效辐射功率（kW）；

　　　r——距无线电台发射天线的距离（km）。

（二）当中波广播信号的电场强度大于或等于 120dBμV/m 时，中波广播发射台与带有终端机及有人增音机有线载波局、站的防护间距，可按式（6 – 23）计算：

$$D = 300\sqrt{P} \tag{6 – 23}$$

式中　*P*——中波广播发射台的有效辐射功率（kW）；

　　　D——防护间距（m）。

（三）当中波广播信号的电场强度为 140dBμV/m 时，中波广播发射台与电缆载波无人增音机和地下电缆的防护间距可按式（6 – 24）计算，但最小的防护间距不得小于发射台的网边缘外侧 20m。

$$D = 30 \sqrt{P} \tag{6-24}$$

（四）当中波广播信号的场强电场强度为 125dBμV/m 时，中波广播发射台与铝护套架空对称电缆的防护间距可按式（6-25）计算，但最小的防护间距不得小于发射台的网边缘外侧 20m。

$$D = 169 \sqrt{P} \tag{6-25}$$

式（6-24）及式（6-25）中的 D、P 含义与式（6-23）同。

（五）对于中波广播信号的电场强度，可采用现场实测或计算等方法确定。对于已建中波广播发射台的电场强度，宜采用现场实测确定。

三、短波广播发射台与电缆载波通信系统的防护间距

（一）短波广播发射台与电缆载波通信系统的防护间距，应符合下列规定：

1. 强定向天线发射主瓣半功率角方向上，不小于 300m。强定向天线发射非主瓣半功率角方向上，不小于 50m；

2. 无方向性天线各个方向上，不小于 200m；

3. 对于短波发射中心，不得小于 1000m。

（二）带有终端机和有人增音机的电缆载波局、站所处的短波广播信号的电场强度，不大于 100dBμV/m。

（三）电缆载波无人增音机所处的短波广播信号的电场强度，不得大于 110dBμV/m。

（四）地下电缆和架空对称电缆所处的短波广播发射信号的电场强度，不大于 140 dBμV/m。

（五）防护间距是指短波广播发射台的发射天线中心到电缆载波通信线路或局站的距离。

第九节　雷达发射系统电磁辐射污染防护限值及安全距离的计算

一、雷达系统主要辐射源

雷达是用于检测和定位反射物体如飞机、船舶、航天器、车辆、行人和自然环境的一种电磁系统，广泛用于军事及民用遥感、飞行安全、导航、空间和资源探测等领域。

雷达系统发射机产生的电磁信号（如正弦波短脉冲），由天线辐射到空间中。发射的信号一部分被目标拦截并向许多方向再辐射；而后再辐射回到雷达的信号被雷达天线采集，并送到接收机。雷达系统的电磁干扰为微波辐射是工业企业及民用智能建筑内设备、设施的最严重、最强大的电磁污染源。其主要污染场源是雷达天线、工作电路、磁控管、速调管、敞开的波导管及加热器的开口等。由于天线是不停地旋转运行，使周围受到较严重的电磁干扰。下面就工业企业及民用智能建筑电磁兼容性设计，雷达作业场强微波辐射防护卫生标准限值，雷达频率范围，人体最小安全距离，雷达电波传输损耗及其计算分别进行介绍。

二、雷达使用的频率及峰值发射功率

民用雷达频率及峰值发射功率参数如表 6 - 26 所示。

民用雷达频率及峰值发射功率参数　　　　　　　　　　表 6 - 26

用途	种类	波段	标称波长（cm）	频率范围（GHz）	波长范围（cm）	峰值发射功率	附注
导航雷达	航线监视雷达	L 波段	22	1 ~ 2	30 ~ 15	几千 kW	
	机场对空监视雷达	S 波段	10	2 ~ 4	15 ~ 7.5	几百 kW	监视高度约 7.6km
	机场对空监视雷达	S 波段	10	2 ~ 4	15 ~ 7.5	几千 kW	监视高度约 16.7km
	精确着陆雷达	X 波段	3	8 ~ 12	3.75 ~ 2.5	几十 kW	
船用雷达		X 波段	3	8 ~ 12	3.75 ~ 2.5	几十 kW	
航空雷达		X 波段	3	8 ~ 12	3.75 ~ 2.5	几十 kW	
		C 波段	5	4 ~ 8	7.5 ~ 3.75	几十 kW	
气象雷达		S 波段	10	2 ~ 4	15 ~ 7.5	几千 kW	
		S 波段	10	2 ~ 4	15 ~ 7.5	几百 kW	
		C 波段	5	4 ~ 8	7.5 ~ 3.75	几百 kW	

三、作业场所微波辐射卫生标准

作业场所微波卫生标准安全限值依据国家标准《作业场所微波辐射卫生标准》GB 10436 - 1989，标准如下：

本标准规定了作业场所微波辐射卫生标准及测试方法。

本标准适用于接触微波辐射的各类作业，不包括居民所受环境辐射及接受微波诊断或治疗的辐射。

（一）名词术语

1. 微波

微波是指频率为 300MHz ~ 300GHz，相应波长为 1m ~ 1mm 范围内的电磁波。

2. 脉冲波与连续波

以脉冲调制的微波简称为脉冲波，不用脉冲调制的连续振荡的微波简称连续波。

3. 固定辐射与非固定辐射

雷达天线辐射，应区分为固定辐射与非固定辐射。固定辐射是指固定天线（波束）的辐射；或天阵天线，其被测位置所受辐射时间 t_0 与天线运转一周时间 T 之比大于 0.1 的辐射（即 $\frac{t_0}{T} > 0.1$）。此外的 t_0 是指被测位置所受辐射大于或等于主波束最大平均功率密度 50% 强度时的时间。非固定辐射是指运转天线的 $\frac{t_0}{T} < 0.1$ 的辐射。

4. 肢体局部辐射与全射辐射

在操作微波设备过程中，仅手或脚部受辐射称肢体局部辐射；除肢体局部外的其他部位，包括头、胸、腹等一处或几处受辐射，概作全身辐射。

5. 功率密度

功率密度表示微波在单位面积上的辐射功率，其计量单位为 $\mu W/cm^2$ 或 mW/cm^2。

6. 平均功率密度及日剂量

平均功率密度表示微波在单位面积上一个工作日内的平均辐射功率，日剂量表示一日接受微波辐射的总能量，等于平均功率密度与受辐射时间的乘积。计量单位为 $\mu W \cdot h/cm^2$ 或 $mW \cdot h/cm^2$。

（二）卫生标准安全限量值

作业人员操作位置容许微波辐射的平均功率密度应符合如下规定：

1. 连续波

一日 8h 暴露的平均功率密度为 $50\mu W/cm^2$；小于或大于 8h 暴露的平均功率密度按式（6-27）计算（即日剂量不超过 $400\mu W \cdot h/cm^2$）。

$$P_d = \frac{400}{t} \qquad (6-26)$$

式中　P_d——容许辐射平均功率密度（$\mu W/cm^2$）；

　　　t——受辐射时间，h。

2. 脉冲波（固定辐射）

一日 8h 平均功率密度为 $25\mu W/cm^2$。小于或大于 8h 暴露的平均功率密度按式（6-27）计算（即日剂量不超过 $200\mu W \cdot h/cm^2$）。

$$P_d = \frac{200}{t} \qquad (6-27)$$

脉冲波非固定辐射的容许强度（平均功率密度）与连续波相同。

3. 肢体局部辐射（不区分连续波和脉冲波）

一日 8h 暴露的平均功率密度为 $500\mu W/cm^2$。小于或大于 8h 暴露的平均功率密度按式（6-28）计算（即日剂量不超过 $4000\mu W \cdot h/cm^2$）。

$$P_d = \frac{4000}{t} \qquad (6-28)$$

4. 短时间暴露最高功率密度的限制

当需要在大于 $1mW/cm^2$ 辐射强度的环境中工作时，除按日剂量容许强度计算暴露时间外，还需使用个人防护，但操作位置最大辐射强度不得大于 $5mW/cm^2$。

四、雷达系统远区场内对人体的最小轴向安全距离的计算

（一）轴向功率密度的计算

对于雷达而言，费纳尔区[①]是指距离天线某个波长（λ）到 $2D^2/\lambda$ 或 3λ 之间那部分辐

---

① 近场区（费纳尔区）功率密度；远场区（费朗而费区）功率密度。

射场（取 $2D^2/\lambda$ 和 3λ 中最大者）。这里的 D 等于天线直径。如果是矩形天线，则 D 为最大的直线尺寸。远场区是指从费纳尔区边界一直延伸到无穷大的那部分辐射场。因为天线的增益和辐射方向图（即用度数表示的半功率点的波束宽度）与离天线的距离无关。因此计算远场区辐射功率密度比近场区相对简单些，远场区的功率密度可由自由空间发射公式给出：

$$P_A = \frac{P_t G_0}{4\pi r^2} \tag{6-29}$$

式中　P_A——轴向给定点处的功率密度（mW/cm^2）；

$\quad\quad G_0$——发射天线最大远场区增益；

$\quad\quad P_t$——平均发射功率（mW）；

$\quad\quad r$——天线到给定点的距离（cm）。

上述未考虑地面反射的影响。假若地面反射影响存在，则产生的功率密度为自由空间的 4 倍。对垂直极化的入射余角 ϕ 作如下限制：

$$100MHz \text{ 时} \quad\quad \phi \leqslant 1°$$
$$5000MHz \text{ 时} \quad\quad \phi \leqslant 5°$$

$$\phi = \arctan\frac{H_t + H_P}{Z} \tag{6-30}$$

式中　H_t——天线高出地面的高度（m）；

$\quad\quad H_p$——P 点离地面的高度（m）；

$\quad\quad Z$——天线到 P 点的距离（m）。

（二）远场区内对人体的最小轴向安全距离

随着频率升高，可容许的入射余角增大。将 $P_A = 10 \ mW/cm^2$。代入式（6-29）求解出 r，从而求出远场区对人的最小轴向安全距离。

$$r = \sqrt{\frac{P_t G_0}{40\pi}} \tag{6-31}$$

式中　P_t——平均输出功率（mW）。

若已知峰值输出功率，就雷达而言平均功率等于峰值功率乘以雷达占空系数：

$$P_t \text{（平均）} = P_t \times d \cdot r \tag{6-32}$$

式中　$d \cdot r$——占空系数 $= \dfrac{\text{脉冲宽度}}{\text{脉冲序列周期}}$

$\quad\quad\quad\quad\quad$ = 脉冲宽度 × 脉冲重复频率。

在费纳尔区，天线的增益和方向图不再恒定不变，两个参数都是离天线距离的函数。对于特殊结构的天线，距天线的安全距离需估算。

五、在雷达系统中的电波传输损耗及探测距离

电波在雷达与目标间往返传播时会受大气层的影响而造成衰减：

（1）会使雷达探测、跟踪目标的最大作用距离与自由空间有所不同，一般会减少；

（2）会使雷达接收到的目标回波功率与自由空间也会有所不同，一般会减少。

（一）雷达实际最大探测距离

单基雷达的实际最大探测距离与传播衰减的关系为：

$$10\lg R = 10\lg R_0 - \frac{A}{2} \qquad (6-33)$$

或
$$R = \frac{R_0}{10^{\frac{A}{20}}} \qquad (6-34)$$

式中　R——为雷达的实际最大探测距离；

　　　R_0——为雷达在自由空间的实际最大探测距离；

　　　A——为电波从雷达天线传输到目标的衰减。

（二）雷达目标回波实际功率密度

单基雷达目标回波实际功率密度与传播衰减的关系为：
$$10\lg S = 10\lg S_0 - 2A \qquad (6-35)$$

或
$$S = \frac{S_0}{10^{\frac{2A}{10}}}$$

式中　S——为雷达天线处的目标回波的实际功率密度；

　　　S_0——为在自由空间雷达天线处的目标回波的功率密度。

（三）自由空间电波的传播损耗和实际媒质中电波的传播损耗参见第五章第一节。

六、雷达站对各种干扰源的防护间距

《对空情报雷达站电磁环境防护要求》GB 13618－1992 规定的防护间距　　表6－27

干扰源		防护间距（km）		备注
		80~300MHz	300~3000MHz	
高压架空输电线路	500kV	1.6	1.0	
	220~330kV	1.2	0.8	
	110kV	1.0	0.7	
高压变电站	500kV	3.0	1.2	
	220~330kV	1.6	0.8	
	110kV	1.4	0.7	
电气化铁路	国产机车	0.8	0.7	
非电气化铁路		0.6	0.5	
汽车公路	高速、一级	1.0	0.7	
	二级	0.8	0.7	
高频热合机		1.2	1.2	从厂房算起
高频炉	P≤100kW	0.5	0.5	有屏蔽的厂房，从厂房算起
工业电焊	P≤10kW	0.5	0.5	
超高频理疗机	P≤1kW	1.0	1.0	从工作间算起
农用电力设备	P≤1kW	0.5	0.5	

注：雷达对调幅、调频信号发送设备的防护间距，对于工业企业与民用智能建筑电磁兼容设计可参照式（6－21）的方法计算。

第七章　电磁辐射对人体的危害及安全防护标准限值

第一节　概　　述

随着无线电传播技术的迅速发展，无线电波在空间传播中造成的电磁环境污染、电磁频谱资源的占用、电磁干扰严重等问题接踵而至，在电子、电力和通信产业中电磁兼容问题也异常突出、在运行中的输电线路、计算机、移动电话、电视、微波炉和其他电器设备存在电磁干扰，其辐射强度及频段性对人体与环境造成了潜在的不良影响。在日常生活中，与电磁波的接触无处不在，不可避免地受到电磁波的辐射，而处于电磁场周围的生物及非生物都要受到它的影响。

由于以前，人们对电磁场的认识不够全面，没有很好地管理它，使得电磁辐射问题日益严重；而且由于电磁场本身对周围空间的辐射，使得它逐渐影响人们及动物的正常生活，潜移默化地对生物体产生负作用，造成生物体组织交互作用的潜在危险。

当前随着无线电传播技术的迅速发展，通信设备的安全性以及电磁辐射与人体组织交互作用的潜在危害性引起了人们的高度关注。现在，世界各国都对此极为重视，并在这方面作了大量的研究和制定了防制措施。广大的公众也对此有极大的兴趣，关注电磁辐射对人体的影响。因此，人们需要仔细、深入地研究这个问题，精确量化这些交互作用，确定他们是否遵循相关的安全标准。

随着数字通信、计算机网络、传感器等高新技术的飞速发展，智能建筑的建设迅速崛起，给人们工作和生活带来了极大的舒适和便利，然而，智能建筑电气设备和电子产品的普及应用也造成了日益严重的电磁污染，与此同时，这些设备大量采用低功耗、高速度的大规模集成电路，本身又更容易受到电磁干扰的威胁。这个日益突显的矛盾给人们的生产和生活带来了不容忽视的影响，甚至可能造成严重后果。因而，工业企业及智能建筑的抗干扰问题受到了人们广泛的关注。

第二节　无线电波与电磁辐射

一、电磁辐射源

电磁波向空中发射或泄漏的现象叫电磁辐射，过量的电磁辐射就造成了电磁污染。目前电磁辐射人工干扰的来源主要来自以下几个方面：

(1) 高频感应加热方面：使用频率多为 300kHz ~ 3MHz；

(2) 高频介质加热方面：使用频率为 10 ~ 30MHz；

(3) 微波方面：主要用于雷达导航、探测、通信、电视及核物理科学研究等，频率一般在 3 ~ 300GHz 之间；

(4) 生活方面：如各种家用电器：电视机、电冰箱、微波炉、家用电脑、电吹风、电热毯、护眼灯等；

（5）信号发射设备：如电视信号塔、移动通信基站、寻呼台基站和FM广播等；

（6）传输线路：电气化铁路、高压输电线路等。

二、电磁辐射频率范围及波长

我国在1990年出台了《微波和超短波通信设备辐射安全要求》GB 12638－1990国家标准。对于人体暴露与电磁波防护做出了规定。对不同频段的无线电频率波段配置进行了相应的规划，以便对各种无线电台（站）设置请求进行频率指配。各类无线电发射设备和电磁辐射装置必须符合国家相关技术指标要求。任何电磁辐射设备的设置使用，同时还必须符合国家标准对电磁辐射防护的规定。达到公众和职业照射标准的要求，使电磁辐射对人体的影响减到最小。根据《中华人民共和国无线电频率划分规定》：

（1）相应广播使用的主要是中波和短波，频率从0.1～30MHz，相应波长3000～10m；

（2）将频率30～300MHz，相应波长为10～1m范围内的电磁波定义为超短波；

（3）而毫米波、厘米波和分米波又统称微波，将频率为300MHz～300GHz，相应波长为1m～1mm范围的电磁波定义为微波；

（4）2G的GSM900，1800使用的是885～1850MHz，CDMA为825～880MHz；3G的WCDMA、TD－SCDMA、CDMA2000目前从1920～2145MHz及以上（2300～2400MHz补充频道）都属于微波中的分米波波段；

（5）我们日常使用的微波炉一般是2450MHz，也属于微波中的分米波；

（6）电磁辐射的生物效应，电磁污染的生物效应通常是指电力频段（50Hz或60Hz）的高压输电线路，射频段（0.1～300MHz）的电磁波辐射和微波频段（300～300000MHz）的电磁场对生物体所产生的各种生理影响。

更为详细频段分配分类及其应用参见第一章。

第三节　电磁辐射对人体作用的机理及危害

一、电磁辐射对人体作用的机理

微波辐射对人体的作用主要是热效应，除此之外还有非热效应的存在。当电磁波照射到人体全部和局部时，有一部分电磁波被反射，另一部分电磁波被吸收，被吸收的电磁波能量达到一定强度时就会使人体发热，这种现象可用来治病，但超过一定限度人体就会出现高温生理反应，从而有害于人的健康，这是电磁波的热效应。由于人体结构的复杂性，电磁波对人体将会产生各种各样的影响，这些影响还与电磁波本身的特性，如功率、时间、频率、波形有关。但归纳起来主要是热效应和非热效应。

电磁辐射对人的影响程度与辐射强度、频率、作用时间、环境等因素有关，辐射强度越大、作用于人体的时间越长、频率越高、影响就越大。因此在评价电磁辐射对人体的影响时，一定要首先确定辐射强度。

（一）热效应

热效应，即电磁波照在人体上会发热。按电磁场理论的计算方法，可以对人体吸收电磁波进行比较精确的计算和分析。方法是假定把人体分成许许多多个细小方块，根据脂肪、肌肉、骨骼等的介电系数和电导率，计算吸收的能量。

1. 电磁波热效应对人体的损伤

高强度的电磁波照射人体后，人体则将一部分电磁能反射，一部分被吸收。被吸收的辐射能量使组织内的分子和电介质的偶极子产生射频振动，媒质的摩擦把动能转换成热能，从而使人的体温上升，温升值与单位体积吸收的辐射功率、频率、被照射的部位、照射时间、物质的比热及密度等，对伤害的深度和程度有关。这种温升效应称为热效应。这种热效应在微波段特别明显。

2. 电磁辐射的热作用

电磁辐射对人体的热作用主要表现在皮下温度升高，呼吸、心率加快。对于脉冲波和连续波的加热反应没有明显的区别。如微波功率过大，组织产热大于组织散热能力，体温调节失去平衡，最终导致人身死亡。微波辐射致死阈值与辐射强度、时间、环境温度有关。各方面的资料说明，人体暴露于 $100mW/cm^2$ 功率密度下可产生可逆或不可逆的病理变化。而对于大动物来讲，低于 $100mW/cm^2$ 不会产生病理变化或只产生较微弱的病理变化。

由于微波可使局部组织加热，作用于神经和感受器以致影响神经传导的速率及酶代谢的速度。

（二）非热效应

非热效应机制是指不引起生物体组织温度升高的情况下所产生的生物效应。有的研究部门称为振动影响，对从事微波的作业人员体检显示，有关神经系统功能障碍的症状反映甚多。低功率密度的微波，具有特殊的生物效应。对高等动物和人类来说，与微波特殊效应关系最密切的还是神经系统。在微波非热效应的实验中，有关研究部门着手从神经系统进行研究。微波对人体的影响，除引起比较严重的神经衰弱症状外，最突出的是造成植物神经功能紊乱，主要反映在心血管系统为多，如心动过缓，血压下降或心动过速、高血压等疾病，高频辐射对机体的主要作用是引起中枢神经的机能障碍和以交感神经疲乏紧张为主的植物神经失调。经研究表明：对电流密度高于 $1000mA/m^2$，会造成严重心脏功能紊乱，对健康造成极大危害；电流密度 $100mA/m^2$ 到 $1000mA/m^2$，会刺激中枢神经系统，引起肌肉组织反应；电流密度 $10mA/m^2$ 到 $100mA/m^2$ 对神经系统有明显作用。人体在反复接受低强度的电磁辐射后，中枢神经系统的机能会发生变化，出现神经衰弱，表现出头晕、头痛、嗜睡、梦多或失眠，乏力、易疲劳、记忆力减退、性情不佳、易激动及血压上升的现象。儿童的免疫系统较弱，受电磁影响更大。静电场、恒磁场、低频场只能引起非热效应（低频场无法致热）。

二、电磁辐射与人体（生物体）相互作用的基本方程

如前所述微波的热作用于生物体，生物体只吸收了部分微波能量，转换为热能。被人体吸收的能量与人体各层的介电常数、导电率、厚度、穿透频率有关。频率越高，微波波长愈短，对人体组织的穿透深度愈小，波长愈长穿透深度愈大。由于人体组织的复杂性，定量研究微波在生物体内的分布是比较困难的。目前的方法有两类：一是基于把生物的几何形状理想化的分析求解法；二是对复杂生物体受电磁辐射情况下，列出方程式进行数值求解。下面列出电磁波与生物体相互作用数值求解的基本方程式：

（一）人体对微波的吸收

微波在生物体中传播时，与其他电磁波一样存在着反射、散射和吸收效应。人体（生物体）内有大量水、离子和极性大分子等电解物质，对微波能量有较强的吸收功能。同样由于人体（生物体）是由多层电学特性不同的组织构成，因而微波通过组织界面时，有部分能量将被反射。

微波从空气进入人体表面后，场强、波长、传播方向都会发生变化，当它穿过一定厚度的组织后，发生振幅衰减和相位变化。从能量方向看，假设微波射入人体的某一均匀组织，经过厚度为 L，并且微波垂直射到该组织表面，则微波强度的衰减可以表示为式(7-1)：

$$I = I_0 e^{-\mu L} \tag{7-1}$$

式中 μ——介质吸收系数；

I_0——入射强度；

I——微波强度的衰减值。

在实用上常用透入深度 D 这一参量，它表示当微波强度 I 减小到 I_0 的 37% 时的透入深度，故有：

$$\mu D = 1 \text{ 或 } \mu = \frac{1}{D} \tag{7-2}$$

在微波辐射中，μ 的数值可由下式决定：

$$\mu^2 = \left(\frac{2\pi}{\lambda}\right)^2 \cdot 2\varepsilon\left(\sqrt{1 + \frac{60\lambda}{\varepsilon P}} - 1\right) \tag{7-3}$$

式中 λ——波长；

ε——介电常数；

P——介质电阻率。

微波能量在 L 厚度被吸收转化为热量，与吸收系数 μ 和微波强度 I_L 成正比，即：

$$H_L \propto \mu I_L$$

（二）进入生物组织的微波的相位变化和衰减

见式（7-4）~式（7-6）。

$$\beta = \omega\left[\frac{\mu\varepsilon}{2}\left(\sqrt{1 + \frac{\sigma}{\omega\varepsilon'}} + 1\right)\right]^{\frac{1}{2}} \tag{7-4}$$

$$\alpha = \omega\left[\frac{\mu\varepsilon}{2}\left(\sqrt{1 + \frac{\sigma}{\omega\varepsilon'}} - 1\right)\right]^{\frac{1}{2}} \tag{7-5}$$

$$\delta = 1/\alpha \tag{7-6}$$

（三）热平衡方程

见式（7-7）及式（7-8）。

$$t = \frac{GC_B\Delta T}{W(Q) + M + S\eta(\varphi + \Delta T)} \tag{7-7}$$

$$\frac{dT}{dt} = \frac{0.239 \times 10^{-3}}{C_B}(W_A + W_M - W_C - W_B - W_S) \tag{7-8}$$

（四）受微波辐射的生物体吸收的电磁辐射参量 SAR 值计算

见式（7-9）及式（7-10）。

SAR 称为"比吸收率"。定义为生物体每单位质量所吸收的电磁辐射功率。

$$SAR = \sigma E^2/\rho \tag{7-9}$$

$$SAR = \{P_i - (P_r + P_t)\}/m \tag{7-10}$$

式（7-4）~式（7-10）中

β——单位长度的相位改变；

α——单位长度的衰减；

δ——穿透深度；

ω——电波角频率；

ε——生物组织的介电常数；

ε'——生物组织的相对介电常数；

μ——生物组织的磁导率；

t——体温增加 ΔT 度所需要的时间；

σ——生物组织的电导率；

W（Q）——生物体吸收微波能量产生的热；

S——生物体表面积；

η——生物体体表周围空气的热交换指数；

M——生物体产生的代谢热；

φ——生物体表和周围空气温度的最初差值；

W_M——代谢产热率；

W_B——血循环散热；

dT/dt——受辐射生物每单位体重的温度变化率；

G——生物体体重；

C_B——比热；

W_A——微波在生物体内吸收比率；

W_C——热传导散热；

W_S——体表的散热；

E——微波电场强度；

P_i——微波入射功率；

P_t——微波穿透功率；

SAR——比吸收率或总体能量吸收，具体见本章第四节；

ρ——生物组织密度；

P_r——微波反射功率；

m——实验生物体总质量。

第四节　如何衡量电磁辐射对人体的影响

如何衡量电磁辐射对人体的影响，通过前面的介绍不难看出人和电磁环境是密切相关的。人必须在一定辐射强度的电磁场中生存，适量的电磁环境是人类生存中所需的一种非生物环境。其场强太弱不行，太强更不行，前者则由于大地的自然场会使人类得到满足，而后者则不然。

电磁辐射强度容许标准及限值，为保护人类生存的电磁环境，世界各国都制定了电磁辐射强度容许标准及限值，其标准各不相同。但都提出了受微波辐射的生物体吸收的能量，电磁辐射参量 SAR 值，如式（7-9）~式（7-11）作为衡量对人体影响的参量值。

一、衡量电磁辐射对人体影响的电磁辐射参量 SAR 的值

（一）基本概念"比吸收率" SAR

如何衡量电磁辐射对人体作用的大小呢？电磁辐射能量要大到什么程度就会对人

体产生伤害呢？我们先来了解一下 SAR 这个名词的含义，SAR 的中文意思是"比吸收率"。SAR 定义为生物体每单位质量所吸收的电磁辐射功率，即吸收计量率，它的单位是 W/kg。

研究微波频段的电磁波辐射比射频段的电磁波辐射更具有较强的生物效应，这些效应按其机制，国际上对电磁波辐射危害人体的研究，电磁波对人体组织的作用，主要可以分为热效应和非热效应两种。

微波辐射对生物整体或局部加热的机制热作用被称为电磁波辐射的热能影响。运用比吸收率（SAR）科学地定义高频或射频（HF/RF）辐射。也可以说比吸收率就是在单位时间内，单位质量的物质吸收的电磁辐射能量。

（二）SAR 值的测量

SAR 值测量系统由人体模型、测量仪表、探针、机械臂等组成。测量时，在人体模型内部倒入专用测试液体，液体的电磁性与人体的电磁性一致；将发射源紧贴模型放置，设置好发射源的发射功率，由机械臂带动探针在液体内转动，自动测量场强 E，由式（7 – 11）就可以计算出 SAR 的值。

（三）电磁辐射参量的计算

在外电磁场的作用下，人体内将产生感应电磁场。由于人体各种器官均为有耗介质，因此体内电磁场将会产生电流，导致吸收和耗散电磁能量。生物剂量学中常用 SAR 来表示这一物理过程。SAR 可分为局部 SAR 和平均 SAR。局部 SAR 可表示为：

$$SAR = \sigma E^2 / \rho \qquad (7 – 11)$$

其中，σ 是生物组织电导率，ρ 是生物组织密度，式（7 – 11）中的 E 为微波电场强度，用下式表示：

$$E = \sqrt{E_1^2 + E_2^2 + E_3^2} \qquad (7 – 12)$$

其中，E_1、E_2、E_3 是电场分量的均方根值。由以上各式可见，场强分布是 SAR 评估的基础。

二、人体特征和人体介质特性

（一）人体特征

人体体重、体表面积、代谢热示例如表 7 – 1 所示。

人体体重、体表面积、代谢热示例　　　　　　　　　　　　　　表 7 – 1

体重 （kg）	体表面积 （m^2）	基础代谢率 [kcal/（$m^2 \cdot ℃ \cdot day$）]	代谢热（kcal）[1]
65	1.83	910	3.84×10^{-2}

注：[1]1kcal = 4.19kJ（千焦耳）。

（二）人体的介质特性

1. 表示生物体（包括人体）电特性的参数和影响生物体电特性的因素。

表示生物组织的电磁特性参数是 ε、σ 和 μ，影响 ε 和 σ 大小的因素是电磁波频率和生物组织的温度及生物组织的含水量等。微波在生物组织中的穿透深度随着频率的增高而减小。例如在肌肉组织中：$f = 100MHz$ 时，穿透深度 $\sigma = 6.66cm$；$f = 10^4 MHz$ 时，穿透深

度 $\sigma = 0.343\mathrm{cm}$。

2. 人体各部位与电磁能辐射频率作用关系

人体各部位与电磁能辐射频率作用关系　　　　　　　　　表 7 - 2

频率（MHz）	主要生物效应
150 以下（波长 200cm 以上）	电磁波在人体内传播时衰减比较小，人体组织的任何一部分对电磁波能量的吸收率系数均较小，而多数成分呈现直接透过，影响不大
150 ~ 1200（波长 200 ~ 25cm）	人体对电磁波的吸收系数较大，且其透入深度在 2cm 以上，而体表吸收小，大部分电磁能在人体内部被吸收掉，并转化为热能。人体开始有热效应作用，是危险频段
1200 ~ 3300（波长 25 ~ 9cm）	人体对电磁波的吸收系数较大，表面、深部均有吸收，人的骨骼对电波呈现反射作用，此频段内的体表的吸收特性造成对人体眼睛的水晶体危险性较大，是次危险频段
3300 ~ 10000（波长 9 ~ 3cm）	一般认为电磁能量大部分被体表所吸收，其危险部位主要是眼睛与皮肤
10GHz 以上（波长 3cm 以下）	皮肤表面一方面反射，另一方面吸收产生热量，受影响的主要为皮肤

第五节　保护人类生存的电磁环境标准及防护限值

一、概述

电磁波作用于人体有热效应和非热效应，从而引起人的生理和病理变化。为防止电磁辐射污染、保护环境、保障公众健康和促进电磁技术的科学运用与发展，我国相继颁发了国标《电磁辐射防护规定》GB 8702 - 88（中华人民共和国国家环境保护局发布）、国标《环境电磁波卫生标准》GB 9175 - 88（中华人民共和国卫生部发布）和国标《微波和超短波通信设备辐射安全要求》GB 12638 - 90（国家技术监督局发布）等标准。1997 年 3 月国家环境保护局又发布了《电磁辐射环境保护管理办法》。我国制定的微波辐射标准分为居民（公众）标准（每天 24 小时连续照射）和职业标准（每天照射时间不超过 8 小时），对于这些具体规定在下面分别做介绍。

二、我国环境电磁波卫生标准及防护限值

如前所述，SAR 的测量是在屏蔽室中进行的，而我们生活的空间无线电波复杂程度远远超过屏蔽室，这使人们比较难以接受 SAR 的概念。我国卫生部为了控制电磁波对环境的污染、保护人民健康、促进电磁技术发展制订了国家标准《环境电磁波卫生标准》GB 9175 - 88。该标准没有沿用国际流行的 SAR 标准，而是采用电场强度 V/m 和功率密度 $\mu W/cm^2$ 作单位，适用于一切人群经常居住和活动场所的环境电磁辐射，但不包括职业辐射和射频、微波医用治疗需要的辐射。

在这个国标中，对微波电磁辐射，以功率密度微瓦/平方厘米（$\mu W/cm^2$）来作为计量单位。以电磁波辐射强度及其频段特性对人体可能引起潜在性不良影响的阈下值为界，

将环境电磁场容许辐射强度标准分为二级,如表7-3所示。本限值不包括职业辐射和射频、微波医疗治疗辐射限值。

环境电磁波允许辐射强度分级标准   表7-3

波长	单位	容许场强	
		一级(安全区)	二级(中间区)
长、中、短波(100kHz~30MHz)	V/m	<10	<25
超短波(30~300MHz)	V/m	<5	<12
微波(300MHz~300GHz)	$\mu W/cm^2$	<10	<40
混合	V/m	按主要波段场强;若各波段场强分散,则按复合场强加权确定	

(一)一级标准

安全区,指在该环境电磁波强度下长期居住、工作、生活的一切人群(包括婴儿、孕妇和老弱病残者)均不会受到任何有害影响的区域;新建、改建或扩建电台、电视台和雷达站等发射天线,在其居民覆盖区内,必须符合"一级标准"的要求。

(二)二级标准

中间区,指在该环境电磁波强度下长期居住、工作和生活的一切人群(包括婴儿、孕妇和老弱病残者)可能引起潜在性不良反应的区域;在此区内可建造工厂和机关,但不许建造居民住宅、学校、医院和疗养院,已建造的必须采取适当的防护措施。

超过二级标准地区,对人体可带来有害影响:在此区内可作绿化或种植农作物,但禁止建造居民住宅及人群经常活动的一切公共设施,如机关、工厂、商店和影剧院等;如在此区内已有这些建筑,则应采取措施,或限制辐射时间。

(三)复合场强

复合场强是指两个或两个以上频率的电磁波复合在一起的场强,其值为各单个频率场强平方和的根值,可用式(7-12)计算,即:

$$E = \sqrt{E_1^2 + E_2^2 + \cdots\cdots + E_n^2}$$

式中 E——复合场强(V/m);

         E_1、E_2、E_n——各单个频率所测得的场强。

三、我国微波和超短波通信设备辐射安全要求及防护限值

该标准为国家标准《微波和超短波通信设备辐射安全要求》GB 12638-90由国家技术监督局发布。

该标准规定了微波、超短波通信设备在一定距离内职业暴露人员可得到安全保障的辐射强度限值。该标准适用于微波、超短波通信设备工作时各工作位置值机操作人员所处环境和区域的辐射安全。

(一)微波

微波是指频率为300MHz~300GHz,相应波长为1m~1mm范围内的电磁波。

1. 微波通信辐射安全要求及微波辐射安全限值

1）使用单位

值机操作人员各工作位置微波辐射的容许平均功率密度的规定。平均功率密度是指：微波入射到单位面积上的平均辐射功率，常用的计量单位为毫瓦/平方厘米（mW/cm^2）或微瓦/平方厘米（$\mu W/cm^2$）；

2）脉冲波

脉冲波是在微波、超短波设备工作时，采用脉冲调制的微波信号简称为脉冲波。

（1）每日八小时连续暴露时，容许平均功率密度为 $25\mu W/cm^2$；

（2）短时间间断暴露或每日超过八小时暴露时，每日剂量不得超过 $200\mu W\cdot h/cm^2$；

（3）在平均功率密度大于 $25\mu W/cm^2$ 或每日剂量超过 $200\mu W\cdot h/cm^2$ 环境中暴露时，应采取相应防护措施（如戴微波护目镜，穿微波护身衣，并定期进行身体检查和较高营养保证）；

（4）容许暴露的平均功率上限为 $2mW/cm^2$；

（5）所谓连续暴露与间断暴露是微波、超短波通信设备的值机操作人员连续受到微波辐射称为连续暴露；若断续受到微波辐射称为间断暴露。

3）连续波

连续波是在微波、超短波设备工作时，未被调制的连续振荡的微波信号简称为连续波。

（1）每日八小时连续暴露时，容许平均功率密度为 $50\mu W/cm^2$；

（2）短时间间断暴露或每日超过八小时暴露时。每日剂量不得超过 $400\mu W\cdot h/cm^2$；

（3）在平均功率密度大于 $50\mu W/cm^2$ 或每日剂量超过 $400\mu W\cdot h/cm^2$ 环境中暴露时，必须采取相应防护措施（如戴微波护目镜，穿微波护身衣，并定期进行身体检查和较高营养保证）；

（4）容许暴露的平均功率上限为 $4mW/cm^2$。

2. 微波辐射安全限值计算

微波辐射是在微波、超短波通信设备通过各种途径向周围空间辐射出的微波能量称为微波辐射。

1）脉冲波

$$P_d = \frac{200}{t} \tag{7-13}$$

式中 P_d——平均功率密度（$\mu W/cm^2$）；

t——每日暴露时间（h），$0.1 < t < 8$；若 $t \leqslant 0.1$，$P_d = 2000$；若 $t \geqslant 8$，$P_d = 25$。

2）连续波

$$P_d = \frac{400}{t} \tag{7-14}$$

式中 P_d——平均功率密度（$\mu W/cm^2$）；

t——每日暴露时间（h），$0.1 < t < 8$；若 $t \leqslant 0.1$，$P_d = 4000$；若 $t \geqslant 8$，$P_d = 50$。

3. 微波通信设备辐射测量条件

本项从略，可详见标准《微波及超短波通信设备辐射安全要求》GB 12638-90 附录

A（补充件）。

（二）超短波通信设备辐射安全要求

超短波是指频率为 30～300MHz，相应波长为 10～1m 范围内的电磁波。

1. 脉冲波

1）每日八小时连续暴露时，容许平均电场强度 10V/m；

2）容许暴露的平均电场强度上限为 90V/m。

2. 连续波

1）每日八小时连续暴露时，容许平均电场强度 14V/m；

2）容许暴露的平均电场强度上限为 123 V/m；

3）超短波段平均电场强度换算详见式（7－15）。

3. 超短波通信设备辐射的测量条件

本项从略可详见国家标准《微波及超短波通信设备辐射安全要求》GB 12638－90 附录 A（补充件）。

（三）微波、超短波场强单位换算

从前文可以看出微波频段的防护限值采取平均功率密度单位为 $\mu W/cm^2$ 或 mW/cm^2。而频率为 30～300MHz 超短波波段的电磁波测量单位采用的是平均电场强度，单位 V/m。

1. 按自由空间中的平面电磁波考虑，平均电场强度与平均功率密度换算公式如下：

$$E = \sqrt{P_d \times 377} \tag{7－15}$$

式中　E——平均电场强度（V/m）；

　　　P_d——平均功率密度（W/m^2）。

2. 将超短波波段容许暴露值及容许暴露上限值按式（7－15）换算成平均电场强度如下：

1）脉冲波

（1）微波辐射平均功率密度 $25\mu W/cm^2$ 相当于超短波波段平均电场强度 9.7V/m；

（2）微波辐射平均功率密度 $2mW/cm^2$ 相当于超短波波段平均电场强度 86.8V/m。

2）连续波

（1）微波辐射平均功率密度 $50\mu W/cm^2$ 相当于超短波波段平均电场强度 13.7V/m；

（2）微波辐射平均功率密度 $4mW/cm^2$ 相当于超短波波段平均电场强度 122.8V/m。

3. 微波辐射计量单位以功率密度（即 mW/cm^2 或 $\mu W/cm^2$）表示。微波辐射累积剂量（指辐射八小时以上或者短时间间断辐射，辐射强度随机变化工作状况下采用）单位以能量密度（即 $mW\cdot h/cm^2$ 或 $\mu W\cdot h/cm^2$）表示。

四、我国电磁辐射防护规定及限值

采用由国家环境保护局发布的国家标准《电磁辐射防护规定》GB 8702－88。

（一）适用范围

1. 本规定适用于中华人民共和国境内产生电磁辐射污染的一切单位或个人，一切设备或设施。但本规定的防护的防护限值不适用于为病人安排的医疗或诊断照射；

2. 本规定中防护限值的适用频率范围为 100kHz～300GHz。防护限值与频率的关系如图 7－1 所示；

3. 本规定中的防护限值是可以接受的防护水平的上限，并包括各种可能的电磁辐射污染的总量值；

4. 一切产生电磁辐射污染的单位或个人，应本着"可合理达到尽量低"的原则，努力减少其电磁辐射污染水平；

5. 一切产生电磁辐射污染的单位或部门，均可以制定各自的管理限值，各单位或部门的管理限值（标准）应严于本规定的限值。

（二）电磁辐射防护限值

1. 基本限值

1）职业照射：每天 8h 工作期间内，任意连续 6min 按全身平均的比吸收率（SAR）应小于 0.1W/kg；

2）公众照射：在一天 24h 内，任意连续 6min 按全身平均的比吸收率（SAR）应小于 0.02W/kg。

2. 导出限值

1）职业照射：在每天 8h 工作期间内，电磁辐射场的场量参数在任意连续 6min 内的平均值，应满足表 7－4 要求。

职业照射导出限值　　　　　　　　　　　　表 7－4

频率范围（MHz）	电场强度 E（V/m）	磁场强度（A/m）	功率密度 P_a（W/m²）
0.1～3	87	0.25	20①
3～30	$150/\sqrt{f}$，其值随 f 的增加而降低（86.60～27.38）	$40/\sqrt{f}$，其值随 f 的增加而降低（0.231～0.0730）	$60/f$①，其值随 f 的增加而降低（34.64～10.95）
30～3000	28②	0.075②	2
3000～15000	$0.5\sqrt{f}$②，其值随 f 的增大而增加（27.38～61.23）	$0.0015\sqrt{f}$②，其值随 f 的增大而增加（0.082～0.184）	$f/1500$，其值随 f 的增大而增加（2.0～10.0）
15000～30000	61②	0.16②	10

注：①是平面波等效值，供对照参考。
　　②供对照参考，不作为限值；表中 f 是频率，单位为 MHz；表中数据作了取整处理。

2）公众（居民）照射：在一天 24h 内，环境电磁辐射场的场量参数在任意连续 6min 内的平均值，应满足表 7－5 要求。

公众（居民）照射导出限值　　　　　　　　表 7－5

频率范围（MHz）	电场强度 E（V/m）	磁场强度（A/m）	功率密度 P_a（W/m²）
0.1～3	40	0.1	40①
3～30	$67/\sqrt{f}$，其值随 f 的增加而降低（38.68～12.23）	$0.17/\sqrt{f}$，其值随 f 的增加而降低（0.098～0.0310）	$12/f$①，其值随 f 的增加而降低（4.0～0.40）
30～3000	12②	0.032②	0.4
3000～15000	$0.22\sqrt{f}$②，其值随 f 的增大而增加（12.05～27.0）	$0.001\sqrt{f}$②，其值随 f 的增大而增加（0.0548～0.122）	$f/7500$，其值随 f 的增大而增加（0.40～2.0）
15000～30000	27②	(0.073)②	2

注：①是平面波等效值，供对照参考。
　　②供对照参考，不作为限值；表中 f 是频率，单位为 MHz；表中数据作了取整处理。

（三）电场强度、磁场强度、功率密度与频率的关系

1. 电磁辐射防护限值的电场强度 E（V/m）、磁场强度 H（A/m）、功率密度 ρ_d 与频率的关系如图 7－1 所示。

2. 对于一个辐射体发射的几种频率或存在多个辐射体时，其电磁辐射场的场量参数在任意连续 6min 内的平均值之和，应满足式（7－16）。

$$\sum_i \sum_j \frac{A_{i,j}}{B_{i,j,L}} \leqslant 1 \qquad\qquad (7-16)$$

式中　$A_{i,j}$——第 i 个辐射体 j 频段辐射的辐射水平；

　　　$B_{i,j,L}$——对应于 j 频段的电磁辐射所规定的照射限值。

3. 对于脉冲电磁波，除满足上述要求外，其瞬间峰值不得超过表7－4及表7－5中①、②所列限值 1000 倍。

4. 在频率小于 100MHz 的工业、科学和医学等辐射设备附近，职业工作者可以在小于 1.6A/m 的磁场下 8h 连续工作。

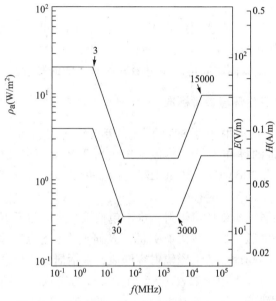

图7－1　电场强度（E）、磁场强度（H）、功率密度（ρ_a）防护限值与频率的关系

五、照射时间和照射总剂量

（一）国际标准

国际上，FCC、ICNIRP（国际非电离性照射保护委员会）、IEEE（美国电气和电子工程师学会）等机构先后制定了电磁辐射对人体作用的衡量技术标准。目前通用的标准有两个：一个是欧洲使用的 2W/kg，另一个是美国使用的 1.6W/kg。欧洲采用的测试标准测量单位是 10 克，而美国采用的测试标准测量单位是 1 克。

（二）我国标准

我国现使用的标准是国家环境保护局颁布的《电磁辐射防护规定》GB 8702－1988 规定中给出了职业照射和公众照射两种 SAR 限值。

1. 职业照射：在每天 8h 工作期间内，任意连续 6min 按全身平均吸收率（SAR）应小于 0.1 W/kg。导出限值应满足表 7－4 的要求；

2. 公众照射：在 1 天 24h 内，任意连续 6min 按全身平均的比吸收（SAR）应小于

0.02 W/kg。导出限值应满足表 7 – 5 的要求；

3. GB 12638 – 1990 规定了微波连续波辐射的职业标准见本节 "三" 所述。

（三）照射时间和总剂量计算示例

电磁辐射对人的影响除辐射强度外，连续照射时间和每天照射的总剂量也是重要因素。每天允许接受照射的总剂量等于单位时间（小时）的平均功率密度与规定照射时间的乘积。

现以 GB 12638 – 90 规定微波连续波辐射的职业标准 $50\mu W/cm^2$，每天工作 8h，则全天接受的总剂量为 $50 \times 8 = 400\mu W/cm^2$。安全限值与照射时间按照式（7 – 14）的关系为：

$$\rho_a = 400/t$$

式中，ρ_a 为平均功率密度，单位为 $\mu W/cm^2$；t 为每日暴露时间（$0.1 < t < 8$），单位为小时（h）。

根据式（7 – 14），当每天暴露时间小于 8h，平均功率密度可加大，如 $t = 0.1h$，则允许的最大功率密度为 $4000\mu W/cm^2$；若每天暴露 4h，则允许的最大功率密度为 $100\mu W/cm^2$。因此，限制暴露时间可减少电磁辐射对人体的影响。

六、我国微波辐射卫生环境参考标准

我国《作业场所微波辐射卫生标准》于 1989 年 2 月发布，1989 年 10 月实施。只规定了接触微波设备的操作人员，不包括居民所受环境辐射及接受微波诊断或治疗的辐射。其频率范围为 300MHz ~ 300GHz，分脉冲波和连续波，固定辐射与非固定辐射。

上述标准，不包括居民所受环境辐射，也不包括接收微波诊断或治疗的辐射，即不包括工、科、医射频设备电磁干扰。我国有关部门及研究人员根据我国情况参考国外资料，提出我国的不同工种，不同地点的电磁辐射容许值，包括居民，以作为在工业及民用智能建筑工程电磁兼容设计时参考用，如表 7 – 6 所示。分为警戒值、断续辐射值、连续辐射值、环境限值、老弱病残值。

不同工种、地域电磁辐射容许值（功率密度 ρ_a 值）[1]　　　　　　　　表 7 – 6

界限		平均功率密度（ρ_a）（mW/cm^2、$\mu W/cm^2$）	操作射限（min）	适用范围
警戒值	任何照射不能超过此值，超过此值人体得不到恢复	$10mW/cm^2$	在任何 6min 内平均不超过 10mW / cm^2	一般条件下 6min 不超过 $1mW \cdot h/cm^2$
断续辐照值	断续受到微波辐射作业容许值	$3mW/cm^2$	断续操作时间为 6min	用于操作工、科、医设备但须符合防护法规，并有防护措施
连续辐照值	连续不间断受到微波辐射作业允许值	$300\mu W/cm^2$[2]	比目前我国的作业场强标准小一些可用于 ≥6min 以上	用于雷达、电声、电视、电报、电传、传真等的发射台（站）的作业人员
环境限值	电磁环境容许值，如一般工作、生活区	$30\mu W/cm^2$	环境电磁辐射应比作业场强所低	一般居民生活区、机关、工企、事业、学校等场所

续表

界限		平均功率密度（ρ_a）（mW／cm²、μW／cm²）	操作射限（min）	适用范围
老弱病残值	病员容许值，如病员住区	3μW／cm²		病员电磁辐射幅度比一般低一个数量级，因心脑电图仪、心跳起脉搏器等高灵敏度设备的防卫度限制，手术过程辐射场引起的传导放电有影响

注：①此容许值依据国外资料及我国研究人员提出的数值。

②此值比我国作业标准400μW／cm²，一日8h小一些。

　　表中电磁辐射容许值为平均功率密度（ρ_a），当用电场强度（E）表示或用磁场强度（H）表示时可按式（7-15）换算。

七、国外微波卫生标准

（一）各国微波辐射卫生标准如表7-7所示。

各国微波辐射卫生标准（职业暴露标准）　　　　　表7-7

国名	频率/MHz	最大容许平均功率密度值 ρ_a/mW／cm²	备注
美国①	10～100000	（1）在任何6min平均不超过10	不良湿度条件下为1mW／cm²，一般条件下6min不超过1mW·h/cm²
		（2）$\rho_a \leqslant 10$	容许8h连续照射
		（3）$10 < \rho_a \leqslant 25$	连8h内间断照射，对任何60min内，照射不得过10min
		（4）$\rho_a > 25$	人体不容许被照射
前苏联②	30～30000	（1）1mW／cm²	（1）一个工作日内辐射不得超过15～20min/d
		（2）0.1mW／cm²	（2）一个工作日内辐射不得超过2h/d
		（3）10μW／cm²	（3）一个工作日内经常受辐射8h/d
英国	30～30000	10	时间无限制
法国	300～30000	10/（10～100）	1h以上/1h以下
德国	300～30000	10	时间无限制
荷兰	30～30000	1.0／10	时间无限制/小于6min
捷克	300～30000	连续波　0.025 脉冲波　0.1	1日剂量小于200μW·h／cm² 1日剂量小于80μW·h／cm²

注：①美国的现行卫生标准是考虑热作用为依据的，假定每人每天从食物中摄取能量3000kcal，有效率为30%，散发出去的热量为2100 kcal/d，人体散热总面积为2m²，则正常人体散热5mW／cm²，考虑到人体最多照射面积为人体总面积的一半，又考虑到人体增加一倍散热量是可能的，所以美国标准规定10mW／cm²，在正常环境条件下，照射时间大于6min时，在任何6min时间内，平均功率密度不允许大于10mW／cm²，为此美国政府工业卫生会议做了本表规定。

②前苏联强调综合性和动态研究，他们根据慢性动物实验所得的数据，确定10μW／cm²，作为微波辐射容许强度，做出本表规定。

　　（二）前苏联还规定了在极低频、超高频设备的限制。

　　（1）在极低频段50Hz时，场强为5kV/m，人接触不受时间限制，若每天接触时间缩短到5min，其场强可达25 kV/m的标准；

（2）在超高频方面提出波长在 1~10m 时，场强为 5V/m；

（3）前苏联的标准认为射频电磁场的生物学活性是随频率的增高而加大，即生物学活性按微波 > 超短波 > 短波 > 中长波的规律加大；

（4）前苏联还规定工、科、医设备的卫生标准，最大容许电场强度为 20V/m，磁场强度最大容许值为 5A/m。

第六节　电磁波辐射监测

一、概述

（1）防止高电压和强电磁场辐射产生危害，必须对周围的电磁环境做经常性的定期的监测和预测，做到心中有数；

（2）当新建居民住宅及人群经常活动的一切公共设施，如电影院、商店、工厂和机关时，必须事先对该区域进行预测，如果超过中间区标准，则坚决禁止建造。当新建雷达站、电视台和其他大功率发射机的设备时，必须考虑到其居民覆盖区内必须符合安全区的标准；

（3）对于已建成的居民区则必须经常进行监测，如果发现电磁环境有所改变，应查出辐射源的情况，如辐射源的位置，工作时间，功率、频率、方向等，以求提出改良措施；

（4）积极采用各种防护措施，将各类发射器的危害降到最低限度，如采用封闭外壳，加吸波材料、复合型吸波涂料或其他有效屏蔽体。对微波炉等民用设备的漏泄加以控制，微波炉的门连锁机构，在距其表面 5cm 外的漏泄场不应超过 $5mW/cm^2$；

（5）合理选择地点，尤其是发射器的天线的安装位置，要选在能使所有可能受到照射的人所接受的辐射能降到尽可能小的地点，并计算出保证设备和人员安全的最小距离。

二、监测范围、内容

根据国家标准《电磁辐射防护规定》GB 8702-88 要求免于管理的电磁辐射及所在工作场所及周围环境的电磁辐射水平进行监测。

（一）检测范围

对免于管理的电磁辐射体，必须对辐射体所在的工作场所以及周围环境的电磁辐射水平进行监测，并将监测结果向所在地区的环境保护部门报告。

1. 新建、改建、扩建后的辐射体，投入使用后的半年内提交监测报告；

2. 现有的辐射体在半年内提交监测报告。

（二）工作场所监测

1. 当电磁辐射体的工作频率低于 300MHz 时，应对工作场所的电场强度和磁场强度分别测量。当电磁辐射体的工作频率大于 300MHz 时，可以只测电场强度；

2. 测量仪器应尽量选用全向性探头的场强仪或漏能仪。使用非全向性探头时，测量期间必须不断调节探头方向，直至测到最大场强值。仪器频率响应不均匀度和精确度应小于 3dB；

3. 测量仪器探头应尽量置于没有工作人员存在时，工作人员的实际操作位置。

（三）环境监测

1. 环境中的电磁辐射大多可视为平面波，因此只需要测电场强度。但在不能当成平面波的场所，需对电场强度和磁场强度分别测量；

2. 测量仪器可以用干扰场强仪、频谱仪，微波接收机等。测量误差应小于 ±3dB，频率误差应小于被测频带中心频率的 1/50；

3. 针对某一辐射体的特定环境测量，应依据所测辐射体的天线类型，在距该天线 2000m 以内最大辐射方向上选点测量或根据辐射方向图，分方位选点测量；

4. 对于一般的电磁辐射环境监测布点，通常依主要交通干线为基准，以一定的间距划分网格进行测量；

5. 测点应选在开阔地段，要避开电力线、高压线、电话线、树木以及建筑物等的影响。

（四）监测结果、问题处理

1. 当工作场所的电磁辐射水平超过限值时，必须对电磁辐射体的工作状态和防护措施进行检查，查明原因，并应采取有效治理措施；

2. 某电磁辐射使环境电磁辐射水平超过规定的限值时，必须尽快采取措施降低辐射水平，同时向环境保护部门报告产生过量辐射照射的原因以及准备治理的措施；

3. 在对辐射水平进行评价时，应考虑到某一辐射体可能存在的几种辐射频率以及多个辐射体产生的干扰，即应满足式（7-17）：

$$\sum_m \sum_n \frac{Q_{m,n}}{Q_{m,n,L}} \leq 1 \tag{7-17}$$

式中　$Q_{m,n}$——第 m 个辐射体 n 频段辐射的辐射水平；

$Q_{m,n,L}$——对应于 n 频段的电磁辐射所规定的照射限值。

三、监测的质量保证

（一）电磁辐射监测事先必须制定监测方案及实施计划。

1. 监测点位置的选取应考虑使监测结果具有代表性。不同的监测目的，应采取不同的监测方案；

2. 监测所用仪器必须与所测对象在频率、量程、响应时间等方面相符合，以便保证获得真实的测量结果；

3. 监测时要设法避免或尽量减少干扰，并对不可避免的干扰估计其对测量结果可能产生的最大误差；

4. 监测时必须获得足够的数据量，以便保证测量结果的统计学精度。

（二）监测仪器和装置（包括天线或探头）必须进行定期校准。

（三）监测中异常数据的取舍以及监测结果的数据处理应按统计学原则办理。

（四）电磁辐射监测应建立完整的文件资料。仪器和天线的校准证明书、监测方案、监测布点图、测量原始数据、统计处理程序等必须全部保存，以备复查。

（五）任何存档或上报的监测结果必须经过复审，复审者应该不是直接参与此项工作但又熟悉本内容的专业人员。

四、监测要求

根据《环境电磁波测量规范补充要求及目录》、《环境电磁波卫生标准》GB 9175 - 88 要求对开放辐射源所产生的环境电磁波，其频率覆盖范围：长、中、短波（100kHz ~ 30MHz），超短波（30 ~ 300MHz），微波（300MHz ~ 300GHz）进行测量。

（一）测量方式

根据不同需要与目的，应用不同的测量方式，对已建台和扩建台，为调查辐射源周围环境电磁波辐射强度及其分布规律，常以辐射源为中心，在不同方位取点的方式进行测量，简称点测；为全面调查某地区环境电磁波的背景值及按人口调查居民人群所受辐射强度的测量简称面测。

1. 点测时以辐射源为中心，将待测区按 5° ~ 10° 角度画线，呈扇形展开。随此画线，近区场以每隔 5 ~ 20m 定点测量，远区场以每隔 50 ~ 100m 定点测量，或按特殊需要选点测量；

2. 简易测量：一般用各向同性探头的宽频段场强仪测定，如探头为非各向同性者，则分别测定各不同极化方向的场强值，取其矢量和；

3. 选频测量：用选频场强仪测定。将各频段分别测得的场强，按前面所述式（7 - 12）计算复合场强。此法可分别测得长、中、短波及微波的场强，从而识别该复合场强的主要波段；

4. 面测时，将待测地区（城市）按人口统计划分若干小区，并标明各小区居民重点地理坐标，从中选择若干有代表性的小区作为监测点，测量仪器应用环境电磁波自动监测系统，实现各频段自动扫描、自动测量和实时处理。然后根据小区人口数量进行加权，求出该地区（城市）居民环境电磁波暴露强度累加百分数。

（二）测量位置场所

1. 旷野平坦地面环境测量一般以人的高度，即 1.7m 左右处测定，如为待建地段，则应在待建建筑物相应高度处测定；

2. 建筑物内部测量，应以不同层次选择有代表性的若干点分别测定。

（三）测量仪器

辐射源周围的测量，应选用灵敏度 ≤1V/m 或灵敏度 ≤1μW/cm^2、精度 ≤2dB 的场强仪，区域性背景场强测量，应选用宽频带天线，频谱分析仪和电子计算机配套的自动处理系统。

（四）测量记录整理

除记录全部测量数据外，还应包括：测量地点、测量时间、测量日期、测量仪器、天线高度及参加测量人员等。

五、微波、超短波设备及人员测量位置

根据国标《微波和超短波通信设备辐射安全要求》GB 12638 - 1990 要求，其测量应满足如下几点：

（一）微波设备测量位置

1. 微波通信设备值机操作人员经常所处位置；

2. 微波通信设备的辅助设施（如指挥室、计算机房、供电室等）所处空间区域；

3. 微波通信设备附近的固定工位及值班点；

4. 微波通信设备发射天线附近的主要区域；

5. 测试数据以测量仪器在测量位置所有方向上的量值，取多次重复的平均值。

（二）人体危害部位测量

1. 相应于值机操作人员的眼部、胸部、下腹部三点的空间位置；

2. 发射天线附近区域和辅助设施所处空间人员活动频繁环境不少于三点（人体高度以下）。

（三）超短波设备测量位置

1. 超短波通信设备值机人员所处的位置；

2. 超短波通信设备附近的固定值班点；

3. 超短波通信设备发射天线附近的主要区域；

4. 测量数据以测量仪器在测量位置所有方向上的最大值，重复 2~3 次的平均值。

（四）场强或功率通量密度的最大容许值

在测量过程中如发现确实有严重超标的应立即采取有效措施加以补救。首先应该缩短工作时间，并用表 7－8 进行初步计算。

场强或功率通量密度的最大容许值　　　　　　　　表 7－8

场型	频率范围	计算公式	场型	频率范围	计算公式
电磁场	300MHz～300GHz	$t=32/S^2$	电场	0.1MHz～10MHz	$t=560/E$
磁场	0.1MHz～10MHz	$t=80/H$	电场	10MHz～300MHz	$t=3260/E^2$

注：　S——功率通量密度平均值（W/m^2）；
　　　t——电磁场照射的许可时间；
　　　H——磁场强度的平均值（A/m）；
　　　E——电场强度的平均值（V/m）。

第七节　电磁辐射源的管理

一、免于管理的范围

国标 GB 8702－88 规定了以下三类设备的电磁辐射可免于管理：

1）输出功率等于和小于 15W 的移动或无线电通信设备，如陆上、海上移动通信设备以及步话机等；

2）等效辐射功率小于 300W 的中波无线电设备；

3）等效辐射功率小于 100W 的短波，超短波和微波设备。

归纳上述，凡向没有屏蔽空间的辐射等效功率小于表 7－9 所列数值的辐射体均可免于管理。

可免于管理的电磁辐射体的等效辐射功率表 表 7 - 9

频率范围（MHz）	等效辐射功率（W）
0.1 ~ 3	300
>3 ~ 300000	100

对于不符合以上三类设备的电磁辐射必须按相关规定执行。等效辐射功率的计算见式（7 - 18）：

$$ERP = P_T \times G \tag{7 - 18}$$

式中　P_T——为发射机的输出功率（W）；

　　　G——为发射天线增益，当频率在 1000MHz 以下时，为相对称半波天线的增益；在 1000MHz 以上时，为相对于全向天线的增益。

4）等效辐射功率 ERP（equivalent radiation power）的定义：

（1）在 1000MHz 以下，等效辐射功率等于机器标称功率与对称半波天线而言的天线增益的乘积。

（2）在 1000MHz 以上，等效辐射功率等于机器标称功率与全向天线增益的乘积。

二、管理方式

1）凡其功率超过表 7 - 9 所列免于管理水平的一切电磁辐射体的所有者，必须向所在地区的环境保护部门申报、登记、并接受监督。

（1）新建或购置免于管理水平以上的电磁辐射体的单位或个人，必须事先向环境保护部门提交"环境影响报告书"。

（2）新建或购置的电磁辐射体运行后，必须实地测量电磁辐射场的空间分布。必要时以实测为基础划出防护带，并设立警戒符号。

2）一切拥有产生电磁辐射体的单位或个人，必须加强电磁辐射体的固有安全设计。

（1）工业、科学和医学中应用的电磁辐射设备，出厂时必须具有满足"无线电干扰限值"的证明书。运行时应定期检查这些设备的漏能水平，不得在高漏能水平下使用，并避免对居民日常生活的干扰。

（2）长波通信、中波广播、短波通信及广播的发射天线，与人口稠密区的距离，必须满足本章第五节项"四"规定安全限值的要求。

3）电磁辐射水平超过本章第五节项"四"导出限值及表 7 - 4 规定限值的工作场所必须配备必要的职业防护设备。

4）对伴有电磁辐射的设备进行操作和管理的人员，应施行电磁辐射防护训练，训练内容应包括：

（1）了解电磁辐射的性质及其危害性；

（2）常用防护措施、用具及其使用方法；

（3）个人防护用具及其使用方法；

（4）电磁辐射防护规定。

第八节 电磁辐射对人体危害的相应防护措施

一、微机前长期工作对人体的危害及防制措施

电磁污染源很广泛，它就在我们生活的周围，几乎包括所有的家电，只是污染程度有强弱之分罢了。计算机首当其冲，是因为人们必须与它面对面地操作，而且长时间接触，不像电视机能远距离接触。

微机等荧光屏可产生相当强的电磁辐射，对人体健康不利，特别对孕妇影响更明显，因为电脑终端散发的电磁波辐射，对女性工作人员构成足够的危害，其原因是高强度电磁场射线辐射会减少女性大脑松果体内激素的产生，迫使体内雌性激素排放速度加快，最终导致乳房组织细胞发生分裂，从而诱发疾病。

对以上危害现有的解决方案是利用现以投放于市场的各种型号的视保屏；而且计算机制造商也在注意减少电磁波辐射对人体的影响，有的甚至贴出了"低辐射"的标志。

当前市场上推出的电脑电磁波辐射屏蔽服对高频宽谱电磁波采取反射与吸收的两种屏蔽方式。经测试在相应电磁波辐射频谱内均能有效屏蔽。

电磁屏蔽原理应用于对人体的屏蔽如果只解决胸部以下的辐射问题，对头部的电磁辐射问题没有解决，其屏蔽效果是非常有限的，甚至基本丧失。屏蔽服的头部屏蔽问题是极为重要的。

屏蔽服在防护 X 射线方面早已应用，但用来防护电磁波辐射是一种探索。

二、预防家电设备对人体电磁辐射危害

世界卫生组织已呼吁出台法律措施预防家电设备对人体的电磁辐射，根据有关部门测试，在通常情况下，电吹风、电动剃须刀、吸尘器、微波炉等的电磁辐射都很强。距离微波 30 厘米，其电磁辐射达 4~8 微特斯拉；距离电视 1 米处，电磁辐射为 0.1~0.15 微特斯拉。关于微波炉等家电设备及高压输电线路发出的低频电磁波对人体造成的不良影响，现根据相关资料整理出家电中常用设备电磁污染安全距离供参考。

（一）产品选购

尽可能选择知名品牌，具有中国电工产品认证委员会(CCEE)电工认证或具有 3C 标志的产品。有些产品还会标明"低辐射"标志。

（二）对各种电器设备、设施的使用与人体间距离

1. 电磁炉的使用安全距离

在使用电磁炉时要尽量保持安全距离，不要靠得太近，电磁炉的辐射主要集中在操作面板中央，操作者保持在距电磁炉 30~40cm 的距离处是安全的。

2. 微波炉的使用安全距离

微波炉的辐射主要集中在门缝和门玻璃中央，操作者离微波炉 0.5m 处的辐射能衰减 $4.6\mu W/cm^2$，小于 $10\mu W/cm^2$ 国家规定值。

3. 电水壶

电水壶的辐射较大，至少要保持距电水壶 30cm 以外，其辐射才能衰减到 $0.16\mu T$。

4. 电饼铛

使用电饼铛时应避免站在旁边等候，它的辐射范围较大，但辐射强度较弱，操作者保持在距电饼铛10cm处，它的辐射量就只有0.12μT。

5. 消毒柜

消毒柜在工作时，普遍采用紫外线或臭氧杀菌。人体吸入过量臭氧，会严重刺激呼吸道，造成咽喉肿痛、胸闷咳嗽、引发支气管炎和肺气肿，臭氧还会造成人的神经中毒，头晕头痛，视力下降，记忆力衰退。还能破坏人体皮肤中的维生素E，致使皮肤起皱、出现黑斑。

使用臭氧消毒柜时，在其工作期间一定不能打开柜门，以免发生臭氧泄漏。消毒工作完成后，最好20min后再开启柜门。

6. 电视机

传统的电视辐射较大。这些电视机使用电子射枪式进行逐行扫描，产生的辐射存在电视周围，尤其是电视1m范围内危害最大。

平时看电视要平视，不要关灯看电视，看电视距离要适中，可以荧光屏对角线的尺寸为标准：最小尺寸为对角线尺寸的2.7~3.0倍（高清、标清电视机2.7，一般电视机为3.0），最大观看尺寸不大于对角线尺寸的7倍。

7. 电冰箱

冰箱运作时，后侧方或下方的散热管线释放的磁场高出前方几十甚至几百倍，此外，冰箱的散热管灰尘太多也会对电磁辐射有影响，灰尘越多电磁辐射就越大。需经常用吸尘器把散热管上的灰尘吸掉。

如果冰箱与电视共用一个插座，冰箱在运转时，电磁波会导致电视的图像不稳定，这说明冰箱的电磁波是非常大的。不同波长和频率的电磁波释放出来会形成一种电子雾，影响人的神经系统和内分泌系统的生理机能。

8. 浴霸

浴霸距离人员较远电磁辐射不会影响到人身安全，但强光会造成光污染。过于耀眼的灯光干扰了人体大脑的中枢神经功能。还有资料显示，光污染会削弱婴幼儿的视觉功能，影响儿童的视力发育。有关研究推荐选用红外线磨砂灯泡浴霸，以减小受强光刺激，保护视力不受伤害。

（三）遵循原则

1. 不要把使用中的家电设备、设施摆放得过于集中，更不要经常同时使用，特别是电脑、电视机、电冰箱不宜集中摆放在卧室，甚至卧室内不放大件电器。

2. 各种家用电器、办公设备、集团电话主机、移动电话、无线宽带上网发射器等应尽量避免长时间操作。

3. 各种家电设备暂时不使用时，最好不要使它们处于待机状态，这是因为在此情况下可能产生较微弱的电磁干扰场强。

4. 手机接通的瞬间释放电磁辐射能量为最大，最好在手机铃声响过1~2秒或两次电话铃声间歇中再接听电话。

5. 凡佩戴心脏起搏器的病员以及抵抗力较弱的孕妇、儿童、老年人等在条件可能的情况下配置阻挡（屏蔽）电磁波辐射的屏蔽服或屏蔽围裙。

6. 按照医学专家推荐饮食方面多以胡萝卜、海带、瘦肉、动物肝脏等富含维生素 A、C 和蛋白质的食物、加强肌体抵抗电磁辐射的能力。

7. 最后指出，轻微的电磁场作用于人的身体不但不会影响人体的健康，反而会对人体健康有好处。适当强度的电磁辐射不但不会对人体构成伤害，而且还可以用来治病，医学上用"磁疗"治病，即是给人体加上一个外磁场，使人体的分子电流磁矩产生"取向运动"，使分子电流流向一致，加强电流强度，达到磁疗的目的。可见，电磁场对人体有许多益处。同时，由于整个地球便是一个大电磁场，人生活在其间，必与其相兼容，从某种角度说，是不可缺少的，因此它是人类的生存环境之一。

如果人生活在一个没有电磁环境的空间里，必定会引起身体机能紊乱，造成"电磁饥饿"。而适当利用它，则有利于人体的身体健康。只有当强度超过规定限值后，电磁辐射才有害于人的健康，这就是事物的双重性。

第八章 移动通信基站电磁辐射对人体健康的影响及干扰场强预测和计算

第一节 陆地移动通信业务频率划分

一、无线电频段的划分

根据电波传播的特性，无线电频率被划分为 12 个频段，各频段的名称、频率范围、波长及用途参见第一章图 1 – 1 及表 1 – 1。

二、陆地移动通信业务的频率划分

全国无线电管理委员会根据无线规则的频率划分表，我国陆地移动通信业务使用的频率划分：移动通信专用网频率分为 CDMA800MHz、GSM900MHz、DCS1800MHz、PHS1900MHz、3G 为数字移动通信网的专用频段、WLAN2400MHz 为无线局域网民用频段，如表 8 – 1 所示。

专用频段及民用频段移动通信信号的频段、信道带宽、多址方式表　　　　表 8 – 1

运营业务　　　频段		上行	下行	信道带宽	多址方式
中国联通 CDMA800		825 ~ 835MHz	870 ~ 880MHz	1.25MHz	FDMA/TDMA/CDMA
中国移动 GSM900		890 ~ 909MHz	935 ~ 954MHz	200kHz	FDMA/TDMA
中国联通 GSM900		909 ~ 915MHz	954 ~ 960MHz	200kHz	FDMA/TDMA
中国移动 DCS1800		1710 ~ 1730MHz	1805 ~ 1825MHz	200kHz	FDMA/TDMA
中国联通 DCS1800		1745 ~ 1755MHz	1840 ~ 1850MHz	200kHz	FDMA/TDMA
中国电信 PHS		1900 ~ 1920MHz		288kHz	TDMA
3G 系统	WCDMA	1920 ~ 1980MHz	2110 ~ 2170MHz	5MHz	FDMA/TDMA/CDMA
	TD – SCDMA	最终以信息产业部发放牌照为准		1.6MHz	TDMA
	CDMA2000			$N \times$ 1.25MHz	FDMA/TDMA/CDMA
WLAN		2410 ~ 2484MHz		22MHz	

第二节　移动通信系统天线的基本性能和参数

一、陆地移动通信系统的基本组成

随着移动无线电通信业务的种类越来越多，由于用途不同而产生的电台型号日益增多，目前已达到数百种之多。但不论什么样的基站设备（移动台、固定台或半固定台），都是由最基本的天线系统（包括传输线）、发射系统、控制系统和电源系统几部分组成的。将他们组合起来即可构成一个完整的与有线通信相结合的移动通信系统。

二、天线的基本参数

天线的性能可以用许多的参数来衡量。根据互易定理——即天线用作发射和接收时进行能量转换过程的可逆性，它们的参数在发射和接收时保持不变。因此在涉及天线参数时，有些参数不必指明发射天线还是接收天线，但对有些参数，如额定功率等，通常只对发射功率才有意义。

为了对天线的技术性能做出比较和评价，在实际工作中常采用下列参量。

（一）天线的有效长度

对于接收天线来说，天线有效长度的定义是：

$$l_e = \frac{A}{E} \qquad (8-1)$$

式中　E——接收天线所处的电场强度；

　　　A——接收天线与上述电场平行时天线馈电端的开路电压（电动势）。

利用互易原理可以证明，对于给定的实际天线，它在发射或接收时具有相同的有效高度。必须指出，有效长度只有在振子长度短于全波振子时才有意义，因为按定义，振子长度等于全波振子时可能使有效长度为无限大。

（二）方向性系数和增益

当考虑天线本身的损耗，需引入天线效率 η_A，其定义为

$$\eta_A = \frac{P_\Sigma}{P_A} \qquad (8-2)$$

式中　P_Σ——天线的辐射功率；

　　　P_A——天线的输出功率。

在比较两个天线的辐射性能时，如保持它们的输入功率不变，那么就可以更全面的表示天线特性。为此定义天线的增益系数 G 为：

假定参考天线的效率等于100%，于是

$$G = \eta D \qquad (8-3)$$

式中　D——天线的方向性系数；

　　　η——天线的效率。

在 VHF 和 UHF 频段，天线本身损耗很小，在绝大多数的情况下，天线增益和天线的方向性系数在数值上是相等的。

（三）输入阻抗和驻波比

为了使天线与馈线良好的匹配，必须使天线的输入阻抗与馈线特性阻抗相等。目前通用的馈线阻抗是 75Ω 或 50Ω。移动通信常用天线的标称阻抗都是 50Ω，以便于与 50Ω 馈线相匹配。

（四）极化

极化是指天线辐射的电场矢量在空间的取向。它可以分为线极化、圆极化、椭极化等各种形式。其中线极化又有垂直极化和水平极化之分。不同极化的电波在传播时有不同的特点，参见第二章第四节。根据移动平台天线接近地面的特点，移动通信大多数使用垂直极化。

（五）频带宽度

天线的各种特性参数在偏离设计频率时，都会发生不同程度的变化，天线的频带宽度是指各项指标在额定范围内的工作频率范围。随着频率的变化，各个参数改变的程度是不同的，在移动通信 VHF 和 UHF 频段、限制带宽的主要因素往往是阻抗特性。

三、基站天线的特点及类型

（一）基站天线的特点

移动通信中基站是相对于移动台而言的。一般来说，基站是固定的，但也有半固定基站或者车载基站。所谓半固定基站，是指基站的位置经常变动，但并不需要在运动中进行通信。车载基站往往是一个车队或者再加上许多手持式或其他便携式移动台的调度中心，它本身也需要在运动中通信。这里介绍的基本天线主要用于固定基站。

由于基站的性质和规模有很多的差别，与之配合的天线也必须能适应不同的要求。但是，在目前使用的 VHF 和 UHF 频段中，基站所使用的天线还是以对称振子为主的天线，只是由于馈电方式和使用要求的不同而出现了许多种变型的使用天线。

（二）天线增益

在有条件的场合，基站总希望其天线有较高的增益。增益的提高主要依靠减小垂直面内辐射的波瓣宽度，在水平面上保持全向的辐射性能。高增益的基站全向天线对水平方向上的不圆度和垂直方向上波束的倾斜度有一定的要求，例如一副 8dB 增益的全向天线，水平方向性圆与真圆相比有 3dB 的偏差，因此天线在某些方位上的实际增益可能只有 5dB。波束倾斜对高增益天线也至关重要。全向天线增益达 9dB 时，垂直面内半功率波瓣宽度应小于 10 度，如果由于天线阵各振子的相位关系和振子间距的不适当而使波瓣上翘 5 度，这就相当于实际增益减少 3dB。

（三）基站天线的类型

1. 折合振子

折合振子是 VHF 和 UHF 频段常用的一种天线。它是由彼此很近的两个平行振子构成，在一个振子的中间馈电。两个振子在两端相连，组成一个环形。也有三元以上的折合振子，但用得最多的还是二元折合振子。

折合振子的输入电阻不仅比半波振子高，而且可以根据要求通过选择两个振子的直径和间隔距离在一定范围内进行调整，容易实现匹配，因此很有实用价值。它除被单独使用外，还常配上无源振子形成的引向器和反射器，组成定向八木天线。例如具有一根反射器和一根引向器的三元八木天线与半波振子相比有 6dB 的增益。当引向器的数量增加可以进一步提高天线增益，引向器数量与天线增益参数如表 8 - 2 所示。

引向数量与天线增益　　　　　　　　　　　　表 8 - 2

天线形式	反射器数	引向器数	振子总数	增益（dB）
对称振子	0	0	1	2. 15
二单元八木天线	0	1	2	5 ~ 6. 5
	1	0		
三单元八木天线	1	1	3	8 ~ 10
四单元八木天线	1	2	4	9 ~ 11
五单元八木天线	1	3	5	10 ~ 12
六单元八木天线	1	4	6	11 ~ 13
八单元八木天线	1	6	8	12 ~ 14
十单元八木天线	1	8	10	13 ~ 15
双层五单元	1 × 2	3 × 2	5 × 2	13 ~ 15

2. 高增益全向天线

高增益定向天线一般适用于远距离定点通信，也经常用作半固定移动的收、发信天线。还有其他形式的天线如布朗天线、J 型天线等，这些天线的方向性系数和增益都不高，通带不宽，仅用于小型基站。本文不一一介绍。

第三节　陆地移动通信电磁兼容性及电磁干扰场强预测

一、移动通信电磁兼容性及实现的方法

移动通信系统的设计、安装和操作维护中心，必须将本系统各设备之间及本系统与其他系统或电子通信设备之间的电磁兼容性（EMC）作为最重要的问题之一加以考虑。所谓电磁兼容性，是指电子设备或者系统工作在指定的环境中，不致由于无意的电磁辐射或影响而遭受或引起不能容忍的性能下降或发生故障的一种能力；同样，这一电子设备或者系统的工作，亦不应妨碍其他设备或系统的正常运行。

实现电磁兼容性有两种方法；一种是开始便注意将电磁兼容性问题纳入原始设计，从而作出最佳设计方案；另一种是在设备或系统投入使用后，采取一些控制措施。

二、陆地移动通信的场强测试

地面移动通信中电波传播的一个重要方面是对覆盖区域的场强（传输损耗）进行测试。地面移动通信中接收信号有如前所述的多种衰落。在实际的工程设计中主要是掌握接收场强的中值电平（或者传输损耗中值）。

移动通信中的场强预测方法有多种，例如我国 GB/T　14617. 1—1993 方法、Okumura 预测法、Hata 公式等预测法，本文仅提供 Hata 公式法，Okumura 及其他预测方法参见相关资料。

Hata 公式：

Okumura 预测方法必须通过查一系列的图表来对空间场强进行预测，不便于利用计算机进行快速预测。Hata 对 Okumura 预测曲线作了公式化拟合，给出了 Okumura 测量结果的简单公式表示。Hata 公式被限制在 100～1500MHz 频率范围内，预测点与发射天线间的距离为 1～20km，基站天线高度为 30～200m，移动台天线高度为 1～10m。中值路径损耗的基本公式被国际无线电咨询委员会（CCIR）采纳，形式为：

$$L_{CCIR} = 69.55 + 26.16 \lg f - 13.82 \lg h_b + (44.9 - 6.55 \lg h_b) \lg d - \alpha(h_m) \qquad (8-4)$$

式中，f 是工作频率（MHz）；d 是距离（km）；h_b 是基站天线的有效高度（m）。h_m 是移动台天线高度；$\alpha(h_m)$ 是移动台高度修正因子。

移动台高度修正因子 $\alpha(h_m)$ 可用下列各式算出：

$$\alpha(h_m) = [1.1 \lg f - 0.7] h_m - 1.56 \lg f + 0.8 \qquad （中小城市）$$

$$\alpha(h_m) = 8.29 [\lg(1.54 h_m)]^2 - 1.1 \qquad （大城市，f \leqslant 200MHz） \qquad (8-5)$$

$$\alpha(h_m) = 3.2 [\lg(11.75 h_m)]^2 - 4.97 \qquad （大城市，f \geqslant 400MHz）$$

在郊区，路径损耗为

$$L_s = L_{CCIR} + L_{ps} \qquad (8-6)$$

式中

$$L_{ps} = -2 \left[\lg\left(\frac{f}{28}\right)\right]^2 - 5.4 \qquad (8-7)$$

对于开阔地，路径损耗为

$$L_o = L_{CCIR} + L_{po} \qquad (8-8)$$

式中

$$L_{po} = -4.78 [\lg(f)]^2 + 18.33 \lg f - 40.94 \qquad (8-9)$$

Hata 模型没有考虑奥村（Okumura）报告中所有的地形修正。

上面利用的奥村预测方法和 Hata 公式是基于实验的预测方法。此方法是预测某一路径集合的电平，而不是某一具体电路的电平。对同一类路径的集合应用相同的计算参数和处理方法。这种预测方法不需要知道传播路径的详细剖面，而只需要知道传播路径属于哪一类路径集合即可。按统计方法处理实验数据，得出各类路径集合的慢衰落中值电平和标准偏差，根据这些数据及下面介绍的慢衰落和快衰落所遵循的概率密度函数，就可以得到接收信号包络的全部信息。

三、陆地移动通信中的电波传播及损耗

移动通信是指通信双方或至少一方处于运动中进行信息交换的通信方式，按其服务区域可分为陆地、航空、航天移动通信等类型。不同的通信类型的电波传播环境不同，其传播特性也就不同。本节主要叙述陆地移动通信中电波传播的特点。

（一）陆地移动通信中的电波传播特点

陆地移动通信所采用的频段为 VHF 和 UHF，对于该波段，地表面波的衰减很快可以忽略不计，其传播方式主要是空间波传播，即直接波与地面反射波的合成，基本的理论基础已在第五章第四节中空间波传播有介绍不再重复。但陆地移动通信的电波传播环境十分复杂，地貌、人工建筑、气候特征、电磁干扰、通信体的移动等必然会对电波传播产生影

响。人工建筑物会使电波产生反射、散射和绕射，从而使电波产生多径传播效应，造成多径衰落，导致移动台接收信号产生严重的快衰落。

慢衰落产生的原因主要是阴影效应，快衰落产生的原因主要是多径效应和多普勒效应。

（二）阴影衰落

阴影衰落是指由于移动通信传播环境中的地形起伏、建筑物及其他障碍物对电波传播路径的阻挡而形成的阴影效应。阴影衰落的信号电平起伏相对缓慢，属于慢衰落，与无线电波传播所遇到的地形和地物的分布、高度有关。

阴影衰落一般表示为电波传播距离 d 和 m 次幂与表示阴影损耗的对数正态分量的乘积。设移动用户和基站之间的距离为 d，由阴影衰落所引起的传播路径损耗可表示为

$$L(d, \xi) = d^m \times 10^{\frac{\xi}{10}} \qquad (8-10)$$

用分贝表示为：

$$10\lg L(d, \xi) = 10m\lg d + \xi \qquad (8-11)$$

式中，ξ 为由于阴影产生的对数损耗（dB），服从零平均和标准偏差为 σ（dB）的对数正态分布，一般 $\sigma = 8\text{dB}$。m 为路径损耗指数，一般取 $m = 4$。

（三）多径衰落

多径衰落是由多径信号的叠加引起的，是移动通信中电波传播的主要特征。由于移动通信大多采用 VHF、UHF 频段，这些频段内的最大波长只有 10m，与传播路径上的建筑物、树林、山丘等物体的线度相比要小得多，故电波主要以直射、反射、散射、绕射等方式传播，这样当电波到达接收机时，信号是许多路径信号的叠加，其计算参见第七章第五节式（7-16）。

第四节　移动通信基站电磁辐射对人体健康、辐射强度限值及计算

信息产业部无线电管理局根据无线电业务划分规定，对不同频段的无线电频率波道配置进行了相应的规划，以便对各种无线电台（站）设置请求进行频率指配。各类无线电发射设备和电磁辐射装置必须符合国家相关技术指标要求，任何电磁辐射设备的设置使用，同时还必须符合电磁辐射防护规定的国家标准，达到公众和职业照射标准的要求，使电磁辐射对人体的影响减到最小。

根据《中华人民共和国无线电频率划分规定》，广播使用的主要是中波和短波，而毫米波、厘米波和分米波又统称微波，GSM 使用的是 890~954MHz，3G 当前使用的是 1920~2170MHz，WLAN 使用的是 2410~2484MHz，都属于微波中的分米波。我们日常使用的微波炉一般是 2450MHz，也属于微波中的分米波。

一、移动基站电磁辐射的强度及标准限值

（一）电磁辐射强度

由于 GSM 移动通信采用的是微蜂窝技术，手机和基站通过电磁波双向联系，每个基站都有一定的作用范围，所以提高信号的有效方法就是增加通信基站，使通话服务区覆盖

每个地方，减少盲区。然而，随着通信基站越建越多，那么通信基站所发射的电磁波是否对人体有伤害。

我们知道电磁辐射其实是一种能量，它对环境的影响大小主要取决于能量的强弱，用来表示其强度大小的单位主要有：功率（W）、功率密度（W/m^2 或 mW/cm^2）、电场强度（V/m）、磁场强度（A/m）、磁感应强度（T 或 Gs）。

在日常生活中，与电磁波的接触无处不在，人们不可避免地受到电磁波的辐射。我国在 1990 年出台了《微波和超短波通信设备辐射安全要求》GB12638 – 1990，对于人体暴露于电磁波做出了规定。将频率为 300MHz ~ 300GHz，相应波长为 1m ~ 1mm 范围的电磁波定义为微波；将频率为 30 ~ 300MHz，相应波长为 10 ~ 1m 范围内的电磁波定义为超短波。电磁辐射的生物效应、电磁污染的生物效应通常是指电力频段（50 或 60Hz）的高压输电线路；射频段（0.1 ~ 300MHz）的电磁波辐射和微波频段（300 ~ 300000MHz）的电磁场对生物体所产生的各种生理影响。

移动通信基站由于目标大，往往使人们对基站电磁辐射对环境的影响产生疑问，然而理论和实践都证明，任何一种移动通信工程建设方案的设计，均是经过深思熟虑的，而且在全国，任何一个城市的通信大楼顶部或附近都有移动通信铁塔，而且上面挂满了各种天线，包括微波天线、移动通信天线、特高频天线等。对应的机房内充满了各种现代通信设备。然而从全国职业病防治或各种癌症发病率的统计分布看，还没有相对集中于通信工程技术人员的迹象，因此，普通群众不需担心基站的电磁辐射。

另外，基站密度越高辐射强度越低。手机与基站及基站控制器之间，有智能控制机制，动态调整互相之间的通话信道、电磁辐射功率与接收灵敏度。

（二）示例

根据相关资料介绍，在上述控制原理下，当一个覆盖半径在 500 至 700 米的 BTS 基站，相对于该范围的移动手机而言，距离基站越远，对应信道和手机的发射峰值功率越强。当 GSM 手机在距基站 700 米左右的楼内通话时，基站对应信道的发射功率在 13W 左右，GSM 手机的发射峰值为 2W 左右，而当手机移动到距基站 1 至 200 米的视角距离时，基站与手机之间对应的信道发射功率将分别自动调节在 0.1W 左右。

由此可以推论，移动通信基站密度越高，相应每个基站电磁辐射强度越低，手机距离移动通信基站越近，手机在使用过程中对通话者电磁辐射当量越低、越安全。

二、辐射强度的计算

（一）电磁辐射场的划分与判别

根据天线理论，对线天线而言，当离天线的距离 $r < 0.15915\lambda$（$r \ll \lambda$ 时），称为近场区；当 $r > 15.9154\lambda$（$r \gg \lambda$ 时）称为远场区。近似地认为在远场区只有辐射场；而近场区只有感应场。如果我们规定感应场比辐射场低 30dB 的区域为远区，则离天线的最小距离 $r_{min} = 5\lambda$。对于面天线而言，从天线口面至 $\lambda/2\pi$ 间称为至近区，区内主要是感应场，随着距离增大，感应场逐渐减弱，辐射场逐渐增加，进入辐射区。从 $\lambda/2\pi$ 至 $2D^2/\lambda$ 间称为近区，即 $r_0 = \dfrac{2D^2}{r}$，D 为天线直径，这一区域的电磁波基本集中在以天线口面为柱状的管状波束内。$2D^2/\lambda$ 以远称为辐射远区，r_0 如图 8 – 1 所示。

在远场区，天线的方向图与距离无关，人们通常所说的天线增益和天线方向性图都是指的天线远区。

在近区与辐射远区之间的区域称为射中区，在这个区域内电磁场与 $\frac{1}{r}$、$\frac{1}{r^2}$、$\frac{1}{r^3}$ 成正比的各项大小差不多，在该区域感应场与辐射场都不占绝对优势。

在辐射远场区，电场强度与磁场强度满足 $E \cdot H = 377$，且电场与磁场的运行方向互相垂直，并都垂直于电磁波的传播方向。

通常移动通信用的频率范围为 $300 \sim 3000\,\text{MHz}$，其波长范围从 1m 到 0.1m，使用天线为线天线阵。如果我们以 5λ 作为远场和近场的分界线，则以场源为中心，距离大于 $5 \sim 0.5\text{m}$ 范围的区域，均为远区辐射场。移动通信用基站一般架设在建筑物楼顶，距离居民均在 5m 以上，因此，基站的电磁辐射可用远区场来分析。

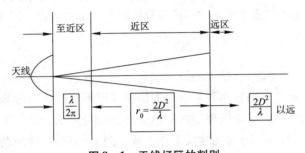

图 8 - 1　天线场区的判别

（二）辐射远场区功率密度

辐射远场的天线方向图与距离无关，能量集中在圆锥体内，在涉及地面反射的影响后，其轴向功率密度为：

$$S_0 \leqslant P_{\text{T}}G/(\pi d^2) \qquad\qquad \text{W/m}^2 \qquad\qquad (8-12)$$

或
$$S_0 \leqslant 100 P_{\text{T}}G/(\pi d^2) \qquad\qquad \mu\text{W/cm}^2 \qquad\qquad (8-13)$$

式中　d ——距离（m）；

　　　P_{T} ——发射机的输出功率（W）；

　　　G ——发射机天线增益。当频率 1000MHz 以下时，为相对于半波天线的增益；

　　　　　1000MHz 以上时，为相对于全向天线的增益；

　　　S_0 ——轴向功率密度（W/m^2）。

（三）基站辐射强度的计算示例

下面我们以常用的集群（iDEN）系统为例，来计算基站的辐射（不考虑合路器、馈线损耗）。

基站最大发射功率：　　　70W（48.5dBm）

基站发射天线增益：　　　10dBd

基站发射频率：　　　　　850MHz

则距离基站 5m 处的功率密度（用对数表示）为：

$$10\lg S_0 = 10\lg\left[100\ P_{\text{T}}G/(\pi d^2)\right]$$

$$= 20 + 10\lg P_{\text{T}} + 10\lg G - 10\lg(\pi d^2)$$

$$= 20 + 10\lg 70 + 10 - 10\lg(3.14 \times 5^2)$$
$$= 29.55 \text{dB}\mu\text{W/cm}^2$$
$$S_0 = 901.57 \mu\text{W/cm}^2$$

同样可以算出，当 $S_0 = 10\mu\text{W/cm}^2$ 规范允许限值时，居民离基站的距离为 $d = 42.3\text{m}$。

从以上计算可知，当基站的等效发射功率为 58.5dBm 时，在距离基站 5m 处的功率密度为 $901.57\mu\text{W/cm}^2$，只有距离基站 42m 以上时，功率密度才降为 $10\mu\text{W/cm}^2$。

（四）基站密度对电磁环境的影响

我们知道，一般移动通信系统均采用小区覆盖。一个覆盖半径在 500～700m 的基站，相对于该范围内的移动手机而言，距离基站越远，对应信道和手机的发射峰值功率越强。

小区半径越小，基站的实际发射功率就越小，这时基站密度就越高，每个基站电磁辐射强度就越低。但是如果某点由多个基站覆盖，就应该计算各基站辐射的总量值。不同频段的辐射源同时辐射时，总辐射水平按下式评价：根据第七章第六节式（7-17）进行评价。

$$\sum_m \sum_n \frac{Q_{m,n}}{L_{m,n,l}} \le 1$$

式中，$Q_{m,n}$ 是第 m 个基站在第 n 频段的辐射功率密度，$L_{m,n,l}$ 是标准中规定的第 n 频段的辐射强度限值。就是说同一频段各基站总的辐射强度不超过该频段规定的限值，不同频段各基站的总辐射强度与对应频段规定的限值之比的和应不大于 1。这时的总辐射强度最好实测一下。当上式中 $n=0$ 时为连续波工作方式，当 $n=1$ 时为脉冲调制方式。

（五）本节小结

综上所述，移动通信基站由于功率小，离人体距离远，对我们所带来的辐射强度远远小于手机，依据相关资料实际测量结果，基站开通和不开通时整个环境的电磁强度基本没有变化，因此对人体是绿色安全的，移动通信系统一般采用蜂窝覆盖，小区半径越小，基站密度就越大，这时基站发射功率就越小，单个基站对环境的影响也就越小。但这时必须考虑多个基站对环境的影响。如果基站在某点的辐射限值超过国标规定，就应该考虑采取防护措施。

根据 GB 8702-1988 规定，如果基站等效辐射功率小于 100W（50dBm），则该基站的电磁辐射免于管理，但如果基站等效辐射功率大于或等于 100W（50dBm），其电磁辐射必须按照第七章第七节《电磁辐射源的管理》等相关规定执行。

这里要重复说明一点：我们关注电磁辐射，希望大家都能了解电磁辐射强度与发射功率成正比，而与距离的平方成反比，所以平时更应注意在我们身边的、离人体很近、而功率又很大的电器设备。比如：电吹风、吸尘器、电水壶、电热毯、大屏幕彩电等等，因为它们的辐射强度有可能是基站对人体影响的成百上千倍。

另外，本文分析使用的基站天线均以线天线为基准，如果基站采用面天线，则近场和远场的标准有所不同，分析的结果可能不同。

三、移动通信是否存在"可能致癌"的风险

移动电话、无绳电话对人体的危害及其防护措施是人们日常生活中最为关注的，同时也是国际上研究最热的问题，它们都是用天线直接对着人的脑袋辐射电磁波。更为严重的是，人们都习惯于将手机紧紧贴着耳朵讲话，20% 以上的辐射功率都被脑袋吸收了。关于

移动手机辐射对人体的影响，世界各国都在研究。

移动通信器材当运行时接收来自基地台的无线电信号，对波及范围的人影响不大，但当发话时则将高频信号发射出去，其顶部的发散天线附近产生较强的高频电磁波。

（一）是否存在"可能致癌"的风险

世界卫生组织（WHO 简称世卫组织）2011 年 5 月 31 日宣称，使用手机"可能致癌"。目前该机构已经将手机使用等同于铅使用、汽车尾气和氯仿使用，列入"致癌性危害"种类。这是世卫组织首次宣称使用手机能带来致癌等不良影响。

研究小组发现手机使用者罹患神经胶质瘤和听觉神经瘤等脑癌的几率有所增加，对其他类型癌症尚无定论。

长期、高强度使用手机和其他无线通信设备可能增加患癌症几率。不过，一些无线通信行业组织立即发表声明，认为现有证据不足以支持这一结论。

1. "可能致癌"风险

国际癌症研究中心当天发表声明说，这是由 31 名科学家组成的一个工作组得出的结论。过去一周，这个工作组在法国里昂评估了暴露在射频电磁场环境中人和动物等所受健康影响的大量过往研究资料，并认为基于现有的有限数据，长期、高强度使用无线通信设备"可能导致"罹患神经胶质瘤。

神经胶质瘤是脑瘤的一种，属恶性肿瘤。该工作组并没有量化罹患这种癌症的风险。但国际癌症研究中心声明中提及 2004 年完成的一项研究：连续 10 年平均每天 30 分钟使用手机，罹患神经胶质瘤的几率可能增加 40%。工作组说，目前还没有足够的研究得出使用无线通信设备与其他癌症之间关联的结论。

国际癌症研究中心将致癌风险分为致癌、很可能致癌、可能致癌、无法归类或很可能不致癌 5 个级别，而长期、高强度使用无线通信设备的风险被评为"可能致癌"。

2. 工作组主席乔纳森·萨梅特说："尽管相关证据还在积累过程中，但现有证据已足以支持'可能致癌'结论，即有一定致癌风险，需要密切关注。"萨梅特还指出，考虑到这一结论对公众健康的潜在意义，对长期、高强度使用手机进行更多的研究必不可少。

使用无线通信设备与癌症之间的关联一直受到高度关注，但此前从没有权威机构明确表示，使用无线通信设备存在致癌风险。去年 5 月中旬，由国际癌症研究中心组织的一项大型研究还认为，不能确定使用手机会引发脑瘤。

（二）通信行业质疑

一些无线通信行业组织质疑国际癌症研究中心工作组的结论。位于美国华盛顿的无线通信工业国际协会发表声明称，国际癌症研究中心过去曾认为腌制蔬菜和咖啡等可能致癌，这次国际癌症研究中心工作组也没有进行任何新研究，而只是评估了已发表的一些研究，即便上述结论是基于偏见和其他有问题的数据，他们的证据也是有限的。

无线通信工业国际协会说，"美国联邦电信委员会、美国食品和药物管理局都强调指出，目前没有科学证据表明使用手机可能导致癌症和其他健康问题"。

（三）专家建议减少手机辐射的其他方法

有医学专家则表示，减少手机辐射还有其他方法：消费者可以通过耳机或者无线耳机来保持与手机的一定距离。据专家介绍，使用手机进行语音通话时辐射较大，而发短信产生的辐射较小。另外，手机在尝试连接信号塔时的辐射是最大的；在移动时或者在信号弱的区域使用手机，手机会发出更大的辐射。因此，消费者在电梯、建筑物里和偏远地区最好避免使用手机（摘自 2011 年 6 月 2 日《广州日报》及《北京晨报》）。

第五节　我国及国外移动通信微波辐射标准及限值

一、引言

随着移动通信的迅速发展，各种手持式收发信机（靠近人体头部使用且具有一体化天线的移动和便携发射设备，譬如移动电话和无绳电话等正常使用时距离头部5cm 以下的发射设备，以下统称"手机"）的使用已越来越普及。由于手机天线在使用时离人体头部非常近，手机产生的电磁辐射是否会对人体产生危害，是一个值得关注和探讨的问题。虽然目前尚没有确切的证据表明手机产生的电磁辐射是否会对人体产生负面影响，这种负面影响到底有多大？但从人体的安全角度出发，各国都基于现有的研究成果纷纷在制定电磁辐射指令及标准。

二、我国短波无线测向台（站）电磁环境防护限值及其计算

（一）根据《移动电话电磁辐射局部暴露限值》GB 21288 ~ 2007 规定：

任意 10g 生物组织，任意连续 6min 平均的"比吸收率"（SAR）值不得超过 2.0W/kg。

各种无线电干扰源和障碍物与短波无线电测向台（站）之间应保持安全防护间距，以达到上述限值。

（二）衡量对人体影响的参量值是"比吸收率"SAR——specific absovption rate。SAR 可用下式表示生物组织单位时间 $\mathrm{d}t$，单位质量（$\mathrm{d}m$ 或 $\rho\mathrm{d}v$）所吸收的电磁能量（$\mathrm{d}w$）：

$$SAR = \frac{\mathrm{d}}{\mathrm{d}t}\left(\frac{\mathrm{d}w}{\mathrm{d}m}\right) = \frac{\mathrm{d}}{\mathrm{d}t}\left(\frac{\mathrm{d}w}{\rho\mathrm{d}v}\right) \tag{8-14}$$

$$SAR = \frac{\sigma E^2}{\rho} \tag{8-15}$$

$$SAR = C_\mathrm{h}\left.\frac{\mathrm{d}T}{\mathrm{d}t}\right|_{t=0} \tag{8-16}$$

式中　E——生物组织中电场强度有效值（V/m）；

C_h——机体组织的热能量（J/（kg·K））；

σ——生物组织中导电率（S/m）；

ρ ——生物组织中的密度（kg/m³）；

$\left.\dfrac{\mathrm{d}T}{\mathrm{d}t}\right|_{t=0}$——起始时刻，机体组织内的温度变化率（K/s）。

（三）我国微波辐射相关标准及允许限值参见第七章第五节。

三、国外电磁辐射标准及限值

（一）目前，商用手机的电磁辐射采用针对普通公众的"非受控"电磁环境下的辐射限值来约束。专业射频通信网络设备的辐射则采用"受控"电磁环境下的辐射限值来约束。

最基本的电磁辐射限值，是使用于受控环境的、任意6min全身平均的 *SAR* 限值0.4W/kg（IEEE1982、IEEE1992、CENELEC1995、ICNIRP1998）。在非受控环境下全身平均的 *SAR* 应小于0.08W/kg。只要6min平均 *SAR* 不超过给定的限值，*SAR* 可以短时间地超过上述限值。0.4W/kg的限值是为了避免对人体温度调节系统产生影响而设置的。

局部最大 *SAR* 值如表8-3所示，表中的值使用于头部和躯干，对于四肢来说，局部 *SAR* 值可以是这些值的两倍。可见，最大 *SAR* 在8~10W/kg之间变化。按照国际和欧洲建议（CENELEC1995，ICNIRP1996，ICNIRP1998），在非受控条件下，10g平均的 *SAR* 不能超过2W/kg。在美国采用了更为严格的限值：对于非受控环境，1g平均的辐射限值是1.6W/kg。关于 *SAR* 的含义参见第七章第四节。

国际组织关于局部辐射 *SAR* 限值　　　　　　　　　　　　表8-3

组织	时间	状态	*SAR*① (W/kg) 普通公众	*SAR*① (W/kg) 受控环境	平均 时间（min）	平均 质量（g）	频率范围
国际防辐射协会（IRPA）	1988	建议	—	10	6	100	10MHz~300GHz
芬兰社会事务与卫生部（STM）	1990	条例	—	10	6	—	10MHz~300GHz
美国电工与电子工程师学会（IEEE）	1992	标准	1.6②	8③		1	100kHz~6GHz
欧洲共同体委员会（CEC）	1994	指令		10	6	100	100kHz~300GHz
欧洲电技术标准委员会（CENELEC）	1995	标准	2	10	6	10	10kHz~300GHz
国际非电离辐射防护委员会（ICNIRP）	1996	报告	2	10	6	10	未说明
美国联邦通信委员会（FCC）	1996	条例	1.6④	8	—	1	
国际非电离辐射防护委员会（ICNIRP）	1998	建议	2	10	6	10	100kHz~10GHz

注：①对于四肢，*SAR* 可以是2倍于此值；
　　②在3~3000MHz，对任意30min平均；
　　③对任意6min平均；
　　④对脉冲周期平均。

（二）当辐射设备或天线离人体足够远时，可以采用由 *SAR* 导出的场强或等效功率密度限值（表8-4）。例如，便携台、车载台和基站的辐射安全可以用这些值进行衡量。按照FCC的规定（1996），允许采用场强限值的移动电话使用时距离人体不小于20cm。

辐射限值通常定义为任意6min时间段的平均 *SAR* 或功率密度。

容许的最大辐射MPE（在移动电话工作频段上导出的功率密度限值）　　表8-4

国际组织	功率密度（W/m²） 普通公众 A 150MHz	B 450MHz	C 900MHz	D 1800MHz	E 平均时间（min）	受控环境 A 150MHz	B 450MHz	C 900MHz	D 1800MHz	E 平均时间（min）
IRPA	2	2.3	4.5	9	6	10	11.3	22.5	45	6
STM	2	2.3	4.5	9	6	10	11.3	22.5	45	6

续表

国际组织	功率密度（W/m²）									
	普通公众					受控环境				
	A 150MHz	B 450MHz	C 900MHz	D 1800MHz	E 平均时间 （min）	A 150MHz	B 450MHz	C 900MHz	D 1800MHz	E 平均时间 （min）
IEEE	2	3	6	12		10				6
CEC	—	—	—	—	—	10	11.3	22.5	45	6
CENELEC	2	2.3	4.5	9	6	10	11.3	22.5	45	6
FCC	2		6	12	30	10	15	30	60	6
ICNIRP	2	2.3	4.5	9	6	10	11.3	22.5	45	6

第九章　电子信息系统计算机机房电磁兼容性设计

第一节　概　　述

（1）电子信息系统（electronic information system）包括计算机、通信设备、控制设备及其相关的配套设施，按照一定的应用目的和规则，对信息进行采集、加工、存储、传输、检索等处理的人机系统。

（2）电子信息系统计算机机房（electronic information system computer room）为计算机提供运行环境的场所，可以是一幢建筑物或建筑物的一部分，包括主机房、辅助用房，但不包括支持区和行政管理用房。

（3）电子信息系统计算机机房组成应按计算机运行特点及设备具体要求确定，一般宜由主机房、基本工作间、各类辅助房间组成。

（4）主机房（computer room）主要用于电子信息处理、存储、交换和传输设备的安装和运行的建筑空间，包括服务器机房、网络机房、存储机房等功能区域。

（5）辅助房间（auxiliary room）用于电子信息设备和软件的安装、调试、维护、运行监控和管理的场所，包括进线间、测试机房、监控中心、备件库、打印室、维修室等。

第二节　电子信息计算机机房位置选择

（1）机房不应设置在变压器室、卫生间、厨房、锅炉房、洗衣房、浴室、实验室等产生振动、蒸汽、烟尘、有害气体、电磁辐射干扰等房间的上、下层相对应的房间或与其相邻的房间；

（2）远离产生粉尘、油烟、有害气体以及生产或贮存具有腐蚀性、易燃、易爆物品的工厂、仓库、堆场等；

（3）电子信息系统计算机机房在多层建筑或高层建筑物内宜设于第二层、第三层；

（4）雷电感应：为减少雷击造成的电磁感应侵害，主机房宜选择在建筑物低层中心部位，并尽量远离利用柱内钢筋作为防雷引下线的建筑物外墙结构柱；

（5）结构荷载：对于多层或高层建筑物内的电子信息系统计算机，在确定主机房的位置时，应对设备运输、管线敷设、雷电感应和结构荷载等问题进行综合考虑和经济比较。由于主机房的活荷载标准值远远大于建筑的其他部分，从经济角度考虑，主机房宜选择在建筑物的低层部位；

（6）远离强振源和强噪声源；

（7）进行电子计算机房位置规划设计时，应考虑现有和规划的高压架空输电线路，避开强电磁场干扰，环境周围不应有其他潜在的电磁骚扰源；

（8）当无法避开强电磁场干扰或为保障计算机系统信息安全，可采取有效的电磁屏蔽措施。

第三节　电子信息计算机机房的分级与性能要求

一、电子信息系统计算机机房的分级

根据机房所处行业或领域的重要性，使用单位对机房内各系统的保障、维护能力及由于场地设施故障造成网络信息中断、重要数据丢失在经济和社会上造成的损失、影响程度，《电子信息系统机房设计规范》GB 50174 - 2008 将机房从高到低划分为 A、B、C 三级，机房分级标准、性能要求和系统配置如表 9 - 1 所示。

电子信息系统计算机机房分级标准、性能要求和各级各类机房举例[③]　　　　表 9 - 1

	分级标准	性能要求	各级各类机房举例[③]
A 级	符合下列情况之一的机房为 A 级： 1. 电子信息系统运行中断将造成重大的经济损失； 2. 电子信息系统运行中断将造成公共场所秩序严重混乱	A 级机房内的场地设施应按容错[②]系统配置，在电子信息系统运行期间，场地设施不应因操作失误、设备故障、外电源中断、维护和检修而导致电子信息系统运行中断	以下部门的数据机房、通信机房、控制室、电信接入间等为 A 级机房：国家气象台；国家级信息中心、计算中心；重要的军事指挥部门；大中城市的机场、广播电台、电视；国家和区域电力调度中心等
B 级	符合下列情况之一的机房为 B 级： 1. 电子信息系统运行中断将造成较大的经济损失； 2. 电子信息系统运行中断将造成公共场所秩序混乱	B 级机房内的场地设备应按冗余[①]要求配置，在系统运行期间，场地设施在冗余能力范围内，不应因设备故障而导致电子信息系统运行中断	以下部门的数据机房、通信机房、控制室、电信接入间等为 B 级机房：科研院所；高等院校；三级医院；大中城市的气象台、信息中心、疾病预防与控制中心、电力调度中心、交通（铁路、公路、水运）指挥调度中心；国际会议中心；大型博物馆、档案馆、会展中心、国际体育比赛场馆；省部级以上政府办公楼；大型工矿企业等
C 级	不属于 A 级或 B 级机房的为 C 级机房	C 级电子信息系统机房内的场地设备应按基本需求配置，在场地设施正常运行情况下，应保证电子信息系统运行不中断	一般企业、学校、设计院等单位的机房、控制室、弱电间等。除 A、B 级机房外，民用建筑工程中为智能化和信息化系统服务的机房、弱电间、控制室的建设标准不宜低于 C 级

注：①冗余：重复配置系统的一些或全部部件，当系统发生故障时，冗余配置的部件介入并承担故障部件的工作，由此减少系统的故障时间。

②容错：具有两套或两套以上相同配置的系统，在同一时刻，至少有两套系统在工作。按容错系统配置的场地设备，至少能经受住一次严重的突发设备故障或人为操作失误事件而不影响系统的运行。

③其他：其他未列出的企事业单位及部门、国际公司、国内公司应按照机房分级与性能要求，结合自身需求与投资能力确定本单位机房的建设等级和技术要求。各单位的机房按照哪个等级标准进行建设，应由建设单位根据数据丢失或网络中断在经济或社会上造成的损失或影响程度确定，同时还应综合考虑建设投资。等级高的机房可靠性提高，但投资也相应增加。

二、电子信息系统计算机机房的电磁干扰限值及噪声、振动、静电环境要求

电子信息系统计算机机房的电磁干扰限值及噪声、振动、静电环境要求如表 9 - 2 所示。

电子信息系统计算机机房的电磁干扰限值及噪声、振动、静电环境要求　　表 9 - 2

项目	《电子计算机房设计规范》GB 50174 - 93	《电子信息系统机房设计规范》GB 50174 - 2008	《工业企业程控用户交换机工程设计规范》CECS09：89			
电磁干扰场强限值	主机房内无线电干扰场强在频率为 0.15 ~ 1000MHz 时，不应大于 126dB	当无线电干扰频率为 0.15 ~ 1000MHz 时，主机房和辅助区内的无线电干扰场强不应大于 126dB	电场强度 E 30kHz ~ 30MHz　0.6V/m 30MHz ~ 50MHz　0.3V/m 0.5GHz ~ 13GHz　1.5V/m			
磁场干扰场强限值	主机房内磁场干扰环境场强不应大于 800A/m	主机房和辅助区内磁场干扰环境场强不应大于 800A/m	磁场强度 H 30Hz ~ 30kHz　50μA/m 30kHz ~ 30MHz　0.0016A/m 30MHz ~ 50MHz　0.0008A/m			
噪声	主机房内的噪声，在计算机系统停机的条件下，在主操作员位置进行测量应小于 68dB（A）	有人值守的主机房和辅助区，在电子信息设备停机时，在主操作员位置测量的噪声值应小于 65dB（A）	—			
振动加速度值	在计算机系统停机的条件下，主机房地板表面垂直及水平向的振动加速度值，不应大于 500mm/s²	在电子信息设备停机条件下，主机房地板表面垂直及水平向的振动加速度不大于 500mm/s²	—			
防静电	主机房内绝缘体的静电电位不应大于 1kV	主机房和辅助区内绝缘体的静电电位不应大于 1kV	—			
防尘	主机房内的空气含尘浓度，在静态条件下测试每升空气中大于或等于 0.5μm 的尘粒数应少于 18000 粒	A 级和 B 级主机房的空气含尘浓度，在静态条件下测试，每立升空气中大于或等于 0.5μm 的尘粒数应少于 18000 粒	尘粒最大直径（μm）	0.5	1	3	5
			尘粒最大浓度（粒子数/m³）	1.4×10^7	7×10^5	2.4×10^5	1.3×10^5

三、电子信息系统计算机机房与高压架空输电线路工频电磁场强度的限值

　　工业及民用建筑以及居住小区与高压、超高压架空输电线路等辐射源之间应保持足够的距离。居住小区靠近高压、超高压架空输电线路一侧的住宅外墙处工频电场和工频磁场强度应符合表 9 - 3 的规定。

工频电磁场强度限值　　表 9 - 3

场强类别	频率（Hz）	单位	容许场强最大值
电场强度	50	kV/m	4.0
磁场强度	50	mT	0.1

四、电子信息系统计算机机房与周围环境场所的最小安全距离

各级电子信息系统机房与周围环境场所最小距离如表 9-4 所示。

电子信息系统计算机机房与周围环境场所最小距离　　　　　　　　表 9-4

项目	技术要求			备注
	A 级	B 级	C 级	
机房位置选择（边缘）				
距离停车场	不宜小于 20m	不宜小于 10m	—	—
距离铁路或高速公路的距离	不宜小于 800m	不宜小于 100m	—	不包括各场所自身使用的机房
距离飞机场	不宜小于 8000m	不宜小于 1600m	—	不包括机场自身使用的机房
距离化学工厂中的危险区域、垃圾填埋场	不应小于 400m			不包括化学工厂自身使用的机房
距离军火库	不应小于 1600m		不宜小于 1600m	不包括军火库自身使用的机房
距离核电站的危险区域	不应小于 1600m		不宜小于 1600m	不包括核电站自身使用的机房
有可能发生洪水的地区	不应设置机房		不宜设置机房	—
地震断层附近或有滑坡危险区域	不应设置机房		不宜设置机房	—
150kW 发射塔	100m 以下不宜设置机房		—	—
电磁屏蔽室的工作频率范围在 10kHz 及以内的离高压电力线路、变电站（所）其相互间最小距离（m）	500kV　150m			
	220kV　100m			
	110kV　50m			
	35kV　25m			
	10kV　10m			
	测试、实验用电磁屏蔽室距离 ISM（工、科、医）射频设备干扰源　　不小于 50m			

第四节　电子信息系统计算机机房的电磁兼容性设计

一、电子信息系统计算机机房电磁兼容的重要性

计算机系统是一个十分复杂的数字信息传输与处理的系统，是一个含有多种元器件和

许多分系统的数字系统。外来电磁辐射，内部元件之间、分系统之间、各传送通道间的相互窜扰对计算机及其数据信息所产生的干扰与破坏，严重地威胁着计算机工作的稳定性、可靠性和安全性。同时计算机作为高速运行的电子设备，又不可避免地向外辐射电磁干扰，对环境中的人体、设备产生干扰、妨碍或损伤。因此，设计计算机机房与电磁环境的兼容性是计算机机房电磁兼容性领域里必须考虑的因素。

计算机系统由于自身的电磁辐射产生的干扰危害与安全问题和外界的电磁干扰破坏了计算机系统的正常工作等问题，在计算机机房的设计中对计算机机房的选址原则、总体结构、机房建筑、静电防护、电磁防护、噪声控制、环境的安全防护及设备的布置等方面要有一些特殊的规定。

二、电子信息系统计算机机房电磁兼容设计内容

计算机机房的电磁兼容性设计根据使用要求与可能的条件，结合国家（或国际）标准，完成以下任务：机房选址、总体结构设计、屏蔽体设计、静电防护设计、电磁防护设计、计算机机房噪音防护设计、安全防护设计、其他配套设施设计。例如：消防与安全、空气调节、供电供水等等。本书仅阐述电子计算机机房的选址原则；机房与电磁干扰的兼容性、电磁防护允许限值和防护间距，以达到保证其内的计算机正常工作，防止外来电磁干扰，也防止计算机自身辐射污染电磁环境及防止信息泄露。对于计算机机房的其他具体设计内容、措施等参见相关文献。

三、电子信息系统计算机空间电磁干扰源的防护

（一）电磁干扰通道以及内容

1. 计算机的空间干扰通道在机房内外均有，空间干扰是以电磁波的形式出现的。

电磁波同样可以分为电场、磁场、电磁场三类。电场是高阻抗感应场，是近场；磁场是低阻抗感应场，也是近场；电磁场是辐射场，在大于数个辐射波长外，是远场。三种场往往总是同时在一个具体场合存在，只是相对强弱不同。

计算机许多部件工作于开关状态，传送数字信号的计算机是会透过机内的逻辑部件、导线、印刷板、接触器、电网线、机壳向空间辐射电磁波的，而且也易敏感空间存在的辐射场。

2. 电子信息系统计算机机房的设计应考虑建筑物内部的电磁环境、系统的电磁敏感度、系统的电磁骚扰与周边其他系统的电磁敏感度等因素，以符合电磁兼容性要求。

就一般的计算机而言，其工作频率范围为 0.5～500MHz，这么宽的频带几乎包括了广播、通信、电视、ISM 设备及微波（分米波波段低端部分）。这就是说，计算机将工作在一个极其复杂的电磁环境中。而屏蔽机房既要防止外界电磁场干扰与破坏计算机工作，又要防止计算机数据信息的泄露与失密，保证计算机安全可靠地工作。

3. 计算机机房电磁兼容性设计要考虑外部电磁辐射干扰源，外部辐射干扰可归纳为以下四类：

1）无线电波干扰源：指计算机附近的大功率天线的发射台、高频大电流设备、射频理疗机等。空间场强超过 1V/m 时干扰严重，场强超过 5V/m，计算机系统可能出错，存储器在 15V/m，数据转换器在 50V/m 电场作用下将出现工作不正常；

2）工业干扰源：一般计算机电源取自工频交流电网，工业设备火花等通过电网干扰计算机；

3）静电干扰：是造成 MOS 器件损坏的主要原因；

4）雷电干扰：多发生在夏季、山区、多雨区。我国曾有多个城市发生计算机遭雷击事例。

（二）影响计算机机房电磁兼容性的因素

影响计算机机房兼容性的因素可参考下式内容：

$$N(\omega) = \frac{G(\omega)C(\omega)}{I(\omega)} \qquad (9-1)$$

式中　$N(\omega)$——干扰对设备的影响；

　　　$G(\omega)$——干扰源的强弱；

　　　$C(\omega)$——干扰传输的耦合因数；

　　　$I(\omega)$——受干扰设备的抗干扰能力，即敏感度阈值。

上式说明影响计算机受干扰严重程度的因素有三个方面，它们都是频率的函数。公式提示了提高抗干扰能力的原理是：

①切断干扰源，即减小 $G(\omega)$；

②减小耦合，即减小 $C(\omega)$；

③提高受干扰设备的敏感度阈值，即加大 $I(\omega)$。

在实际情况中，往往是三个因素综合考虑，并按①②③的顺序去采取措施，以获得最佳的效果，以上三个因素是计算机机房电磁兼容性防护的措施必须考虑的因素。

第五节　国外电子计算机机房分级及我国电子计算机机房设计规范分级对比

一、概述

《电子信息系统机房设计规范》GB 50174-2008 已经住房和城乡建设部同意，从 2012 年开始进行修编，规范名称暂定为《数据中心基础设施设计规范》（Code for Design of Data Center Site Infrastructure）。修编的内容和原则结合中国的实际情况：可靠性、可用性、可行性展开。新修编的依据主要是参照国际同类新标准：美国行业标准——美国通信行业协会标准：TIA-942《Telecommunications Infrastructure Standard for Data Centers》（数据中心通信设施标准）。

二、美国数据中心通信设施标准 TIA-942 修编情况

（1）TIA-942-Base Document　　　　　　Date：04/12/05

（2）TIA-942-Amendment Chg：ADM1　　Date：03/28/08

（3）TIA-942-Amendment Chg：ADM2　　Date：03/××/10 即上述《数据中心通信设施标准》。

（4）美国数据中心通信设施标准 2010 年 TIA-942 版对机房的分级划分

美国数据中心通信设施标准 2010 年 TIA-942 版将数据中心划分为 Tier Ⅰ、Tier Ⅱ、

TierⅢ、TierⅣ四个等级，从可靠性和可用性指标排列，四个等级从高到低的排列顺序为：Ⅳ、Ⅲ、Ⅱ、Ⅰ。Ⅳ级最高，Ⅰ级最低，具体分级内容如表9-5所示。

三、我国电子计算机机房设计规范（GB 50174）修编情况

（1）GB 50174-1993第一版　　Date：02/17/1993　　其内容及分级如表9-1所示；
（2）GB 50174-2008第二版　　Date：11/12/2008　　其内容及分级如表9-1所示；
（3）GB 50174-201X第三版　　2012年开始修编　　其内容及分级如表9-5所示。

我国电子计算机机房设计规范第二版的《电子信息系统机房设计规范》GB 50174-2008，第三版将改为《数据中心基础设施设计规范》GB 50174-201×。其分级内容与美国2010年TIA-942版分级划分对照如表9-5所示。

数据中心基础设施设计规范GB 50174-201×与美国TIA-942，2010年分级标准对比　表9-5

GB 50174-201×中国标准	分级内容及要求①（中国标准）	TIA-942美国标准	分级内容及要求（美国标准）
GB 50174-201×②A级	A级机房内的场地设备应按容错系统配置，在电子信息系统运行期间，场地设备不应因操作失误、设备故障、外电源中断、维护和检修而导致电子信息系统运行中断	TIA-942：TierⅣ容错结构	四级数据中心允许对重要负荷进行任何有计划（不会中断系统）的操作，容错功能至少能够顶住一次最严重的意外事故。供配电方面要求有两套独立的UPS系统，每套为N+1冗余。四级数据中心需要所有的计算机硬件有双路电源
GB 50174-201×B1级	B1级数据中心应具有冗余和同时维护能力。在电子信息系统运行期间基础设施在冗余能力范围内，不应因设备故障而导致电子信息系统运行中断；在设备检修维护期间，基础设施应保障电子信息系统正常运行	TIA-942：TierⅢ同时维护	三级数据中心允许任何有计划行为，而且不会以任何方式影响计算机的运行，有计划的行为包括维护、更换、增加、切除和测试设备、元件或系统，例如对于大型数据中心使用的冷却水系统，应采用两套独立的系统，当对一条线路进行维护或测试时，另一条线路需要有足够的容量满足负荷需要、误操作或设备故障仍有可能引起系统中断
GB 50174-201×B2级	B2级机房内的场地设备应按冗余要求配置，在系统运行期间，场地设备在冗余能力范围内，不应因设备故障而导致电子信息系统运行中断	TIA-942：TierⅡ冗余结构	有冗余结构的二级数据中心与一级数据中心相比不易受有意识或无意识行为的影响而发生中断，二级数据中心有活动地板、UPS和发电机，但各系统仅仅是（N+1）冗余配置，管线为单一回路，重要线路或超出冗余部分的设备故障或维护时系统仍需中断
GB 50174-201×C级	C级电子信息系统机房内的场地设备应按基本需求配置，在场地设备正常运行情况下，应保证电子信息系统运行不中断	TIA-942：TierⅠ基本需求	一级数据中心易受到一些有意识或无意识行为的影响而中断，它有计算机配电和冷却系统，但可能没有活动地板、UPS或发电机，如果有UPS或发电机，那只能满足基本需求没有冗余，存在许多单点故障。在进行维护时，系统停止运行，紧急情况时可能发生中断，操作失误或设备故障将引起数据中心运行中断

注：①数据中心基础设施设计规范目前还在编写中，规范名称也是暂定，本表所列内容仅供参考。
②表中GB 50174-201×，A、B1、B2、C级与美国TIA-942的Ⅳ、Ⅲ、Ⅱ、Ⅰ相对应。

附　录

附录一　常用计量、计算单位

一、用于构成十进倍数单位和分数单位的词头

所表示的因数	原文（法）	词头名称	符号
$1000000000000000000 = 10^{18}$	Exa	艾［可萨］	E
$1000000000000000 = 10^{15}$	Peta	拍［它］	P
$1000000000000 = 10^{12}$	téra	太［拉］	T
$1000000000 = 10^{9}$	giga	吉［咖］	G
$1000000 = 10^{6}$	Mega	兆	M
$1000 = 10^{3}$	kilo	千	k
$100 = 10^{2}$	hector	百	h
$10 = 10^{1}$	déca	十	da
$0.1 = 10^{-1}$	déci	分	d
$0.01 = 10^{-2}$	centi	厘	c
$0.001 = 10^{-3}$	milli	毫	m
$0.000001 = 10^{-6}$	micro	微	μ
$0.000000001 = 10^{-9}$	nano	纳［诺］	n
$0.000000000001 = 10^{-12}$	pico	皮［可］	p
$0.000000000000001 = 10^{-15}$	femto	飞［母托］	f
$0.000000000000000001 = 10^{-18}$	atto	阿［托］	a

二、统一公制计量单位中文名称

类别	采用的单位名称	代号	对主单位的比
长度	微米	μm	百万分之一米（1/1000000 米）
	忽米	cmm	十万分之一米（1/100000 米）
	丝米	dmm	万分之一米（1/10000 米）
	毫米	mm	千分之一米（1/1000 米）
	厘米	cm	百分之一米（1/100 米）
	分米	dm	十分之一米（1/10 米）
	米	m	主单位
	十米	dam	米的十倍（10 米）
	百米	hm	米的百倍（100 米）
	千米	km	米的千倍（1000 米）

续表

类别	采用的单位名称	代号	对主单位的比
重量 （质量单位名称同）	毫克	mg	百万分之一千克（1/1000000 千克）
	厘克	cg	十万分之一千克（1/100000 千克）
	分克	dg	万分之一千克（1/10000 千克）
	克	g	千分之一千克（1/1000 千克）
	十克	dag	百分之一千克（1/100 千克）
	百克	hg	十分之一千克（1/10 千克）
	千克	kg	主单位
	磅	b	0.544 千克
	吨	t	公斤的千倍（1000 千克）
容 量	毫升	mL	千分之一升（1/1000 升）
	厘升	cL	百分之一升（1/100 升）
	分升	dL	十分之一升（1/10 升）
	升	L	主单位
	十升	daL	升的十倍（10 升）
	百升	hL	升的百倍（100 升）
	千升	kL	升的千倍（1000 升）

单位换算关系示例：

电压：1 千伏（kV）= 1000 伏（V）　　　1 伏（V）= 1000 毫伏（mV）

电容：1 法拉（F）= 10^6 微法（μF）= 10^{12} 皮法（pF）

三、电学和磁学名称符号

电学和磁学名称符号　　　　　　　　　　　　表 1

电气名称		计算单位		电气名称		计算单位	
名称	符号	名称	符号	名称	符号	名称	符号
电流	I、i	安（培）	A	电纳	B	西（门子）	S
电流密度	J	安/平方毫米	A/mm²	导纳	Y	西（门子）	S
电压	U、u	伏（特）	V	电导	G	西（门子）	S
电势	E、e	伏（特）	V	电感	L	亨（利）	H
电通（量）密度	D	库（伦）每平方米	C/m²	电容	C	法（拉）	F
电场强度	E	伏（特）/米	V/m	频率	f	赫（兹）	Hz
视在功率	S、W	伏安	V·A	波长	λ	米（毫米）	m（mm）
有功功率	P	瓦（特）	W	磁场强度	H	安（培）/米	A/m
无功功率	Q	乏	VAR	磁通（量）密度	B	特（斯拉）	T
电能	Э	度（千瓦时）	kWh	磁感应强度	B	毫特（斯拉）	mT
电阻	R、r	欧（姆）	Ω	介电常数	ε	法（拉）/米	F/m
电阻率	ρ	欧姆/平方毫米	Ω/mm²	电导率	σ	西（门子）/米	S/m
电抗	X、x	欧（姆）	Ω	照射量		库（仑）/千克	C/kg
阻抗	Z	欧（姆）	Ω	吸收剂量率		戈（瑞）/秒	Gy/s

电学和磁学名称符号 表 2

量的名称	单位名称	单位符号	量的名称	单位名称	单位符号
电流	安［培］	A	介电常数，（电容率）	法［拉］每米	F/m
	千安［培］	kA		微法［拉］每米	μF/m
	毫安［培］	mA	电流密度	安［培］每平方米	A/m²
电荷［量］	库［仑］	C		安［培］每平方毫米	A/mm²
	千库［仑］	kC		安［培］每平方厘米	A/cm²
电荷［体］密度	库［仑］每立方米	C/m³		千安［培］每平方米	kA/m²
	库［仑］每立方毫米	C/mm³	电流线密度	安［培］每米	A/m
	千库［仑］每立方米	kC/m³		千安［培］每米	kA/m
电荷面密度	库［仑］每平方米	C/m²		安［培］每毫米	A/mm
	兆库［仑］每平方米	MC/m²		安［培］每厘米	A/cm
	库［仑］每平方米厘米	C/cm²	磁场强度	安［培］每米	A/m
	千库［仑］每平方米	kC/m²		千安［培］每米	kA/m
电场强度	伏［特］每米	V/m		安［培］每毫米	A/mm
	兆伏［特］每米	MV/m		安［培］每厘米	A/cm
	千伏［特］每米	kV/m	［直流］电阻	欧［姆］	Ω
	伏［特］每厘米	V/cm		千欧［姆］	kΩ
	伏［特］每毫米	V/mm	电阻率	千欧［姆］米	kΩ·m
电位，（电势），电位差，（电热差）电压，电动势	伏［特］	V		欧［姆］厘米	Ω·cm
	兆伏［特］	MV		欧［姆］米	Ω·m
	千伏［特］	kV	［直流］电导	西［门子］	S
电通［量］	库［仑］	C		千西［门子］	kS
电位移能量	兆库［仑］	MC		毫西［门子］	mS
	千库［仑］	kC	电导率	西［门子］每米	S/m
电能［量］密度电位移	库［仑］每平方米	C/m²		千西［门子］每米	kS/m
	库［仑］每平方厘米	C/cm²	磁阻	每亨［利］	H⁻¹
	千库［仑］每平方米	kC/m²	磁导	亨［利］	H
电容	法［拉］	F	阻抗，（复数阻抗）阻抗模，（阻抗）电抗［交流］电阻	欧［姆］	Ω
功，能［量］	焦［耳］	J			
	兆焦［耳］	MJ	功率	毫瓦［特］	mW
	千焦［耳］	kJ		兆瓦［特］	MW
	电子伏	eV		千瓦［特］	kW
	千电子伏	keV	电能［量］	焦［耳］	J
	兆电子伏	MeV		兆焦［耳］	MJ

四、常用的单位换算

（一）长度换算

单位名称	公制				市制			英制		
	公里	米	厘米	毫米	市里	市尺	市寸	英里	英尺	英寸
1公里	1	1000	100000	1000000	2	3000	—	0.6214	3281	—
1米	0.001	1	100	1000	0.002	3	30	—	3.281	39.37
1厘米	0.0001	0.01	1	10	—	0.03	0.3	—	0.0328	0.394
1毫米	0.000001	0.001	0.1	1	—	0.003	0.03	—	0.0033	0.0394
1市里	0.5	500	—	—	1	1500	—	0.3107	1640	—
1市尺	—	0.333	33.3	333.3	—	1	10	—	1.094	13.12
1市寸	—	0.0333	3.33	33.3	—	0.1	1	—	0.11	1.312
1英里	1.61	1609	—	—	3.22	4828	—	1	5280	—
1英尺	—	0.305	30.48	304.8	—	0.915	9.144	—	1	12
1英寸	—	—	2.54	25.4	—	—	0.762	—	0.0833	1

（二）面积换算

单位名称	公制				市制		英制		
	公顷	平方公里	平方米	平方厘米	市亩	市尺^2	英亩	平方英里	平方英寸
1公顷	1	0.01	10000	—	15	—	2.471	—	—
1公里^2	100	1	1000000	—	1500	—	247.1	0.386	—
1米^2	—	—	1	10000	—	9	—	—	1550
1厘米^2	—	—	0.0001	1	—	—	—	—	0.155
1市亩	0.667	—	666.7	—	1	6000	0.165	0.00026	—
1市尺^2	—	—	—	—	0.00017	1	—	—	—
1英亩	0.404	—	—	—	6.07	—	1	0.00156	—
1英里^2	—	2.59	—	—	3885	—	640	1	—
1英寸^2	—	—	—	6.45	—	—	—	—	1

（三）体积（容积）换算

单位名称	公制米^3	市制			英制		美加仑
		市石	市斗	市升	英尺^3	英加仑	
1米^3	1	10	100	1000	35.31	220	264.2
1市石	0.1	1	10	100	3.53	22	26.42
1市斗	0.01	0.1	1	10	0.353	2.2	2.642
1市升	0.001	0.01	0.1	1	0.0353	0.22	0.264

续表

单位名称	公制米^3	市制			英制		美加仑
		市石	市斗	市升	英尺^3	英加仑	
1 英尺^3	0.0283	0.283	2.83	28.32	1	6.23	7.48
1 英加仑	0.0045	0.045	0.455	4.55	0.16	1	1.2
1 美加仑	0.0038	0.038	0.3785	3.785	0.1336	0.833	1

注：1 公升 = 1 市升。

（四）重量换算

单位名称	公制			市斤市制	英制		普特
	吨	公斤	克		英吨	英磅	
1 吨	1	1000	—	2000	0.98	2204.6	61.05
1 千克	0.001	1	1000	2	—	2.205	0.0611
1 克	—	0.001	1	0.002	—	—	—
1 市斤	0.0005	0.5	500	1	—	1.102	0.0305
1 英吨	1.02	—	—	—	1	—	—
1 英磅	—	0.454	—	0.907	—	1	—
1 普特	—	16.38	—	32.76	—	36.04	1

（五）流量换算

单位名称	公制		英制		美加仑/秒
	公升/秒	米^3/时	英尺^3/秒	英加仑/秒	
1 公升/秒	1	3.6	0.0353	0.22	0.264
1 米^3/时	0.278	1	0.0098	0.0612	0.734
1 英尺/秒	28.32	102	1	6.23	7.48
1 英加仑/秒	4.55	—	—	1	1.2
1 美加仑/秒	3.785	—	—	0.833	1

（六）速度换算

单位名称	公制			英制	
	公里/时	米/分	米/秒	英尺/分	英尺/秒
1 公里/时	1	16.67	0.278	54.68	0.91
1 米/分	0.06	1	0.0167	3.28	0.0547
1 米/秒	3.6	60	1	197	3.28
1 英尺/分	0.0183	0.305	0.0051	1	0.0167
1 英尺/秒	1.097	18.29	0.305	60	1

（七）温度换算

	摄氏（℃）	华氏（℉）	列氏（°R）
	$C=\dfrac{5}{4}R=\dfrac{5}{9}(F-32)$	$F=\dfrac{9}{5}C+32=\dfrac{9}{4}R+32$	$R=\dfrac{4}{5}C=\dfrac{4}{9}(F-32)$
冰点	0	32	0
沸点	100	212	80

（八）物理常数

重力加速度　980.665cm/s^2	光速（在真空中）2.99776×10^5km/s$\approx3\times10^5$km/s
地球平均半径　6371km	声速　$331+0.609t°$Cm/s 或 $=34318$cm/s（$t=20℃$时）
1 大气压力 1.033kg/cm^2	

（九）压力换算

单位名称	公制			英制		
	千克/厘米^2	水柱15℃米	水银柱0℃毫米	磅/英寸^2	水柱15℃英尺	水银柱0℃英寸
1 公斤/厘米^2	1	10.01	735.6	14.22	32.84	28.96
1 米（水柱15℃）	0.09991	1	73.49	1.421	3.281	2.893
1 毫米（水银柱0℃）	0.001359	0.01361	1	0.01934	0.04464	0.03937
1 磅/英寸^2	0.07031	0.7037	51.71	1	2.309	2.036
1 英尺（水柱15℃）	0.03045	0.3048	22.4	0.4331	1	0.8819
1 英寸（水银柱0℃）	0.03453	0.3456	25.4	0.4912	1.134	1

注：1 大气压 = 1.033 千克/厘米^2 = 14.7 磅/英寸^2 = 10.33 米水柱 = 760 毫米水银柱

（十）能量换算

单位名称	公斤米	千瓦时	焦耳	大卡	英热单位
1 公斤米	1	2.72×10^{-6}	9.81	2.34×10^{-3}	9.29×10^{-3}
1 千瓦时	3.67×10^5	1	3.6×10^6	860	3412
1 焦耳	0.102	2.78×10^{-7}	1	2.39×10^{-4}	948×10^{-6}
1 大卡	427	1.16×10^{-3}	4186	1	3.969
1 英热单位	107.6	2.93×10^{-4}	1.05×10^{-4}	0.252	1

注：1 焦耳 = 1 瓦秒，1 千瓦时 = 1 度（电度），1 大卡 = 3.9683B.T.U

（十一）功率换算

单位名称	瓦	公斤米/秒（kg·m/s）	马力	英制马力	大卡/秒
1 瓦	1	0.102	1.36×10^{-3}	1.34×10^{-3}	2.39×10^{-4}

续表

单位名称	瓦	公斤米/秒（kg·m/s）	马力	英制马力	大卡/秒
1 公斤米/秒（kg·m/s）	9.81	1	1.3×10^{-3}	1.35×10^{-3}	2.34×10^{-3}
1 马力	736	75	1	0.987	0.176
1 英制马力	745	76	1.013	1	—
1 大卡/秒	4.19×10^3	427	5.69	—	1

附录二　常用的数学公式

一、常用的数学公式

（一）指数

（1）$a^m \cdot a^n = a^{m+n}$

（2）$a^m / a^n = a^{m-n}$

（3）$(a^m)^n = a^{mn}$

（4）$(ab)^m = a^m b^m$

（5）$\left(\dfrac{a}{b}\right)^m = \dfrac{a^m}{b^m}$

（6）$a^{\frac{m}{n}} = \sqrt[n]{a^m} = (\sqrt[n]{a})^m$

（7）$a^0 = 1$

（8）$a^{-m} = \dfrac{1}{a^m}$

（二）对数（$a > 0$，$a \neq 1$）

（1）若 $a^x = M$，则 $\log a M = X$

（2）$a^{\log a} M = M$

（3）$\log a 1 = 0$

（4）$\log a^a = 1$

（5）$\log a\ (MN) = \log a M + \log a N$

（6）$\log a \dfrac{M}{N} = \log a M - \log a N$

（7）$\log a\ (M^n) = n \log a M$

（8）$\log a \sqrt[n]{M} = \dfrac{1}{n} \log a M$

（9）$\log a M = \dfrac{\log b M}{\log b^a}$

（10）$\log a^b \cdot \log b^a = 1$

（11）$\log M = 0.4343 \ln M$

（12）$\ln M = 2 \cdot 3026 \log M$

常用对数首位的求法（尾数由对数表查出）：

（1）大于 1 的真数，对数的首数为正其值比整数位数少 1。如 3809 首位数为 3；

（2）小于 1 的真数，对数的首数为负，其绝对值等于真数首位有效数字左面零的个数（包括小数点前的一个零）。如 0.0278 首位数为 -2。

（三）虚数及复数

（1）虚数单位的乘方

$$j = \sqrt{-1}, \quad j^2 = -1, \quad j^3 = -j, \quad j^4 = 1;$$

$$j^{4n+1} = j, \quad j^{4n+2} = -1, \quad j^{4n+3} = -j, \quad j^{4n} = 1。$$

（2）复数的三角函数式与代数式的关系

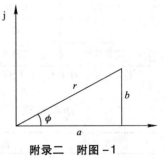

附录二　附图－1

① $\begin{cases} a = r\cos\phi \\ b = r\sin\phi \end{cases}$

② $\begin{cases} r = \sqrt{a^2 + b^2} \\ \tan\phi = \dfrac{b}{a} \end{cases}$

③ $a + jb = r\,(\cos\phi + j\sin\phi)$

（3）复数的三角函数式与极坐标式的关系

$$re^{j\phi} = r\,(\cos\phi + j\sin\phi)$$
$$re^{-j\phi} = r\,(\cos\phi - j\sin\phi)$$

（4）几个常用的近似公式 $|x| < 1$

①$\tan x \approx x + \dfrac{x^3}{3}$ 　　　　③$a^x \approx 1 + x\ln a$

②$\ln(1+x) \approx x - \dfrac{x^2}{2}$ 　　　　④$\ln(x + \sqrt{1+x^2}) \approx x - \dfrac{x^3}{6}$

（四）三角函数

1）定义

$\sin\phi = \dfrac{b}{r}$ 　　　$\cot\phi = \dfrac{a}{b}$

$\cot\phi = \dfrac{a}{r}$ 　　　$\sec\phi = \dfrac{r}{a}$

$\tan\phi = \dfrac{b}{a}$ 　　　$\csc\phi = \dfrac{r}{b}$

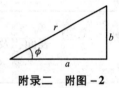

附录二　附图 -2

2）基本关系

$\sin\phi \cdot \csc\phi = 1$ 　　　　$\cos\phi \cdot \sec\phi = 1$

$\tan\phi \cdot \cot\phi = 1$ 　　　　$\sin^2\phi + \cos^2\phi = 1$

$\sec^2\phi - \tan^2\phi = 1$ 　　　　$\csc^2\phi - \tan^2\phi = 1$

$\tan\phi = \dfrac{\sin\phi}{\cos\phi}$ 　　　　$\cot\phi = \dfrac{\cos\phi}{\sin\phi}$

二、几何形体计算

（一）面积的计算

表1

图形	面积（A）	图形	面积（A）
三角形	三角形 $A = \dfrac{1}{2} \times 底 \times 高$	扇形	扇形 $A = \dfrac{\pi r^2\theta}{360} = 0.0087266 r^2\theta = \dfrac{1}{2}弧长 \times 半径$
任意四边形	任意四边形 $A = $ 两个三角形面积之和	弓形（割圆）	弓形（割圆） $A = \dfrac{r^2}{2}\left(\dfrac{\pi\theta}{180} - \sin\theta\right)$

续表

图形	面积（A）	图形	面积（A）
	平行四边形 $A = 底 \times 高$		椭圆 $A = 0.78540 \times 长轴 \times 短轴$
	梯形 $A = \frac{1}{2} \times 平行边之和 \times 高$		抛物线形 $A = \frac{2}{3} \times 底 \times 高$
	等边多边形 $A = \frac{1}{2} \times 边长之和 \times 内切圆半径$		圆的外切正方形 $A = 0.1273 \, 圆面积$
	圆 $A = \pi \times 半径^2 = 0.78540 \, 直径^2$ $= 0.07958 \, 周长^2$		圆的内接正方形 $A = 0.6366 \, 圆面积$

（二）表面积及体积的计算

表 2

图形	表面积（S）及体积（V）
	柱体 $S = 与母线垂直的截面周长 \times 母线长度 \quad PL$ $V = 底面积 \times 高 \quad\quad\quad\quad\quad\quad\quad\quad Bh$ $\quad = 与母线垂直的截面积 \times 母线长度 \quad AL$
	斜截柱体 $S = 与母线垂直的截面周长 \times 素线平均长度 \quad PL$ $V（棱柱）= 底面积 \times 平均高度$ $平均高度 = 底面至顶面重心距离 \quad Bh$ $V（圆柱）= \frac{1}{2} A (L_1 + L_2)$
	锥体 $S（圆锥）\frac{1}{2} \times 底周长 \times 素线平均长度 \quad \frac{1}{2} PL$ $S（棱锥）= 各斜面面积之和 \quad \Sigma Si$ $V = \frac{1}{3} \times 底面积 \times 高 \quad \frac{1}{3} Bh$
	锥台 $S（圆锥台）= \frac{1}{2} \times 上下底周长和 \times 素线平均长度 \quad \frac{1}{2}(p+P)L$ $S（棱锥台）= 各斜面面积之和 \quad \Sigma S_i$ $V = \frac{1}{3}（上下底面积之和 + 上下底面积乘积之平方根）\times 高 \quad \frac{1}{3}(B + b + \sqrt{Bb})h$

图形	表面积（S）及体积（V）
	球 $S = 4\pi \times 半径^2 = \pi \times 直径^2$ $V = \dfrac{4}{3}\pi\, 半径^3 = \dfrac{\pi}{6} \times 直径^3 = 0.524 \times 直径^3$ **球缺** $S = 2\pi r h_1 = \dfrac{\pi}{4}\,(4h_1^2 + d_1^2)$ $V = \dfrac{\pi}{3}h_1^2\,(3r - h_1) = \dfrac{\pi}{24}h_1\,(3d_1^2 + 4h_1^2)$ **球带** $S = 2\pi r h$ $V = \dfrac{\pi}{24}h_2\,(3d_1^2 + 3d_2^2 + 4h_2^2)$
	圆 $S = 4\pi^2 \times 大（环）半径 \times 小（截面圆）半径 \quad 4\pi^2 Rr$ $V = 2\pi^2 \times 大（环）半径 \times 小（截面圆）半径^2 \quad 2\pi^2 Rr^2$
	正圆柱体的斜劈 $S = (2r\, r_1 - d \times bab)\,\dfrac{h}{r - d}$ $V = \left(\dfrac{2}{3}r_1^3 - d \times bab\ 底面积\right)\dfrac{b}{r - d}$
	椭圆球 $V = \dfrac{\pi}{3}rab$
	抛物线体 $V = \dfrac{\pi}{2}r^2 h$

附录三　分贝（dB）的表示法及其换算

一、分贝（dB）的表示法

为什么需要分贝（decibel）这个单位呢？为了使阅读时能直接反映出数字所代表的意义，工程技术人员特别提出了分贝（dB）的单位，以及由分贝衍生的其他单位，如 dBmV、dBμV、dBm 等。例如收音机天线端的功率表示为 -20dBmV，而音频输出则以 $+100\text{dBmV}$ 来表示。

（一）分贝的定义

分贝（dB）的定义是由对数开始，读者或许已经熟悉利用对数来表示较大或较小的数，如 $10 \times 10 = 100 = 10^2$；$1000000 = 10^6$；$0.000001 = 1/1000000 = \frac{1}{10^6} = 10^{-6}$。

用 10^2、10^6、10^{-6} 表示既省时间又清楚，数字表示成 10^2、10^6、10^{-6}，有一个共同的事实，即基底均为 10。对数则利用此事实，忽略基底 10，只考虑指数部分，从而实现 1000000 或 10^6 的对数值即为 6，而 0.01 的对数值为 -2，1 的对数值为 0。

（二）贝尔（bel）

在工程应用上信号的衰减是用对数描述，而不是利用线性关系描述，数学上利用对数定义 bel，其基本公式为：

贝尔（bel）$= \lg 10 \dfrac{输入功率}{输出功率} = \lg 10 \dfrac{P}{P_0} = 1$ 时，为 1bel，即当输入功率等于 10 倍的输出功率时，其损失为 $\lg 10 = 1$bel；换言之，1bel 的损失对应于 10∶1 的功率损失。

（三）分贝（dB）

分贝等于贝尔的十分之一。即 1 贝尔 = 10 分贝（dB），贝尔不常用，常用分贝。

注：输出与输入功率比的常用对数单位，给定功率与参考功率比的常用对数单位，均为贝尔。分贝等于这个对数的 10 倍。即 $10\lg \dfrac{P}{P_0} = 1$ 时，为 1 分贝（1dB）。

当表示振幅级差或声压级差时，1 分贝等于这个对数的 20 倍。即 $20\lg \dfrac{F_1}{F_2} = 1$ 或 $20\lg \dfrac{P}{P_0} = 1$ 时，为 1 分贝（1dB）。

（四）增益用 dB 表示

1. 功率用 dB 来表示增益，其公式为：

$$增益（dB）= 10\lg \frac{输出功率}{输入功率} = 10\lg \frac{P}{P_0}$$

2. 电压用 dB 表示增益，则为：

$$增益（dB）= 20\lg \frac{输出电压}{输入电压} = 20\lg \frac{E}{E_0}$$

3. 电流的表示法与电压的表示法相同。

（五）分贝毫伏（dBmV）

为了说明高频或射频信号的电平强度（非功率比），因此要有一个参考基准电平强度，使电磁环境内的信号强度分贝值都能被算出。工程人员是以 50Ω 阻抗负载上、1mV 均方根（RMS）电压所产生的功率作为参考标准。所以任何信号强度都能用 dB 来表示高出 $1mV/50\Omega$ 标准强度有多少，其符号为分贝毫伏，简称为 dBmV，是描述电压大小的量，即：

$$电压（dBmV）= 20\lg\left(\frac{该点以 mV 为单位的电压}{标准强度（1mV）}\right)$$

此电压是在 50Ω 阻抗上测得的。

上式可化简为：

$$dBmV = 20\lg（50\Omega 阻抗上的电压，单位为 mV）。$$

dBmV 表示高出 1mV 多少个 dB。同理可定义 dBμV，dBμA，dBA，dBm 等单位，其

间的关系为：

$$dBmV = 20lgmV$$

$$= -60 + dB\mu V$$

$$= -60 + dB\mu A + 20lg\,R_g$$

$$= +60 + dBA + 20lg\,R_g$$

$$= 47 - 10lg\left(\frac{50}{R_g}\right) + dBm，（当\,R_g\,为\,50\Omega\,时，dBmV = 47 + dBm）$$

$$= -13 - 10lg\left(\frac{50}{R_g}\right) + dBpW，（当\,R_g\,为\,50\Omega\,时，dBmV = -13 + dBpW）$$

$$= 20 + N_{dBmV}$$

其中，dBV = 高出 1V 的 dB 数；

dBμV = 高出 1μV 的 dB 数；

dBA = 高出 1A 的 dB 数；

dBμA = 高出 1μA 的 dB 数；

R_g = 信号源内阻，单位为 Ω；

dBm = 高出 1mW 的 dB 数，是描述有关功率的值；

dBpW = 高出 1 pW 的 dB 数；

N_{dBmV} = 模拟系统的敏感度（噪声电平），单位为 dBmV；

= 数字系统的抗扰度，单位为 dBmV。

二、分贝的定义及换算

电磁兼容问题常用表征干扰发射和接收的电磁参数表示，如电压、电流、场强、功率等。

1. 功率的分贝单位

两个功率比值的分贝定义为

$$P_{dB} = 10lg\frac{P_1}{P_2} \tag{1}$$

式中，P_1 为某一功率；P_2 为比较的基准功率；P_1 和 P_2 应采用相同的单位。

分贝在形式上也带有某种量纲。如以 $P_2 = 1W$ 作为基准功率，式（1）的分贝值就表示 P_1 相对于 1W 的倍率，即以 1W 为 0dB。此时以带有功率量纲的分贝 dBW 表示 P_1，称为分贝瓦，所以

$$P_{dBW} = 10lg\frac{P_W}{1W} = 10lgP_W \tag{2}$$

式中，P_W 为以 W 作单位的功率电平；P_{dBW} 为以 dBW 作单位的功率电平。

如，将 50W 的功率转换为 dBW，则

$$(50W)_{dBW} = 10lg\frac{50W}{1W} = 10lg50 = 17.0dBW$$

如果式（1）中用 $P_2 = 1mW$ 作为基准功率，就可以用符号 dBW 表示 P_1 的分贝值单位，称为分贝毫瓦。dBW 和 W 的关系为

$$P_{dBmW} = 10lg\frac{P_{mW}}{1mW} = 10lgP_{mW} \tag{3}$$

显然，0dBW = 30dBmW。

类似地，如果式（1）中以 $P_2 = 1\mu W$ 作为基准功率，就可以用 dBμW 表示 P_1 的分贝值单位，称为分贝微瓦。功率用 W 作单位与用 dBW、dBmW、dBμW 作为单位的换算关系为

$$P_{dBW} = 10\lg P_W$$

$$P_{dBmW} = 10\lg P_{mW} = 10\lg \frac{P_W}{10^{-3}W} = 10\lg P_W + 30 \tag{4}$$

$$P_{dB\mu W} = 10\lg P_{\mu W} = 10\lg \frac{P_W}{10^{-6}W} = 10\lg P_W + 60 = 10\lg P_{mW} + 30$$

2. 电压的分贝单位

电压的分贝单位定义为

$$U_{dB} = 20\lg \frac{U_1}{U_2} \tag{5}$$

电压的单位为 V、mV 和 μV，对应的分贝单位分别为 dBV、dBmV 和 dBμV，可分别表示为

$$U_{dBV} = 20\lg \frac{U_V}{1V} = 20\lg U_V$$

$$U_{dBmV} = 20\lg \frac{U_{mV}}{1mV} = 20\lg U_{mV} \tag{6}$$

$$U_{dB\mu V} = 20\lg \frac{U_{\mu V}}{1\mu V} = 20\lg U_{\mu V}$$

电压用 V 作单位和用 dBV、dBmV、dBμV 作单位的换算关系为

$$U_{dBV} = 20\lg \frac{U_V}{1V} = 20\lg U_V$$

$$U_{dBmV} = 20\lg \frac{U_V}{10^{-3}V} = 20\lg U_V + 60 \tag{7}$$

$$U_{dB\mu V} = 20\lg \frac{U_V}{10^{-6}V} = 20\lg U_V + 120 = 20\lg U_{mV} + 60$$

例如，$U = 10V$，用 dBV 单位表示，等于 20dBV；用 dBmV 单位表示，等于 80dBmV；用 dBμV 单位表示，等于 140dBμV。

即 $10V = 20dBV = 80dBmV = 140dB\mu V$。

3. 电流的分贝单位

电流的单位为 A、mA 和 μA，对应的分贝单位分别为 dBA、dBmA 和 dBμA，可分别表示为

$$I_{dBA} = 20\lg \frac{I_A}{1A} = 20\lg I_A$$

$$I_{dBmA} = 20\lg \frac{I_{mA}}{1mA} = 20\lg I_{mA} \tag{8}$$

$$I_{dB\mu A} = 20\lg \frac{I_{\mu A}}{1\mu A} = 20\lg I_{\mu A}$$

电流用 A 作单位和用 dBA、dBmA、dBμA 作单位的换算关系为

$$I_{\text{dBA}} = 20\lg \frac{I_{\text{A}}}{1\text{A}} = 20\lg I_{\text{A}}$$

$$I_{\text{dBmA}} = 20\lg \frac{I_{\text{A}}}{10^{-3}\text{A}} = 20\lg I_{\text{A}} + 60 \tag{9}$$

$$I_{\text{dB}\mu\text{A}} = 20\lg \frac{I_{\text{A}}}{10^{-6}\text{A}} = 20\lg I_{\text{A}} + 120 = 20\lg I_{\text{mA}} + 60$$

例如，$I = 100\text{mA}$，用 dBA 单位表示，等于 -20dBA；用 dBmA 表示，等于 40dBmA；用 dBμA 表示，等于 $100\text{dB}\mu\text{A}$。

即 $100\text{mA} = -20\text{dBA} = 40\text{dBmA} = 100\text{dB}\mu\text{A}$。

4. 电磁强度、磁场强度的分贝单位

电场强度（E）的单位为 V/m、mV/m 和 μV/m，对应的分贝单位分别为 dBV/m、dBmV/m 和 dBμV/m。以 dBV/m 表示时，它是以 1V/m 为基准的电场强度分贝数，即

$$E_{\text{dBV/m}} = 20\lg \frac{E_{\text{V/m}}}{1\text{V/m}} = 20\lg E_{\text{V/m}} \tag{10}$$

因为 $1\text{V/m} = 10^3\text{mV/m} = 10^6\mu\text{V/m}$，所以存在 $1\text{V/m} = 0\text{dBV/m} = 60\text{dBmV/m} = 120\text{dB}\mu\text{V/m}$。

磁场强度（H）的单位为 A/m、mA/m 和 μA/m，对应的分贝单位分别为 dBA/m、dBmA/m 和 dBμA/m。以 dBA/m 表示时，它是以 1A/m 为基准的磁场强度分贝数，即

$$H_{\text{dBA/m}} = 20\lg = \frac{H_{\text{A/m}}}{1\text{A/m}} = 20\lg H_{\text{A/m}} \tag{11}$$

附录四　电专业特殊单位换算

一、特殊单位换算

（一）$1\text{T} = 10^4\text{Gauss}$；$1\text{MGauss} = 80\text{mA/m}$

$1\text{Gauss} = 1000\text{MGauss}$

$1\mu\text{T} = 10\text{MGauss}$

$E = 377H$

$E = \sqrt{377P}$

式中　电场强度 E　　V/m、mV/m、μV/m；

磁场强度 H　　A/m、mA/m、μA/m；

功率密度 P　　W/m², mW/cm², μW/cm²。

（二）磁通量密度（磁感应强度）特斯拉 T（Wb/m²）

磁感应强度　微特斯拉　μT

高斯　　　　Gauss

（三）衰减值 dB $\begin{cases} \text{对于 } E、H,\ \text{dB} = 20\lg \dfrac{E_1}{E_2};\ \text{dB}20\lg \dfrac{H_1}{H_2} \\[3mm] \text{对于 } P,\ \text{dB} = 10\lg \dfrac{P_1}{P_2} \end{cases}$

式中　E_1、H_1、P_1 为初始场强或功率密度；
　　　E_2、H_2、P_2 为衰减后场强或功率密度。

二、分贝的表示方式

（一）分贝表示方式

dB　　　　分贝，表示增益、衰减或比值；
dBm　　　分贝毫瓦，表示宽放或卫星接收的信号功率；
dBmV　　分贝毫伏，美、加表示信号电压；
dBμV　　分贝微伏，中、日、欧表示信号电压；
dBμV/m　分贝微伏/米，表示信号电场强度。

（二）相对电平

$-x$dB　表示信号衰减或两个同类量的负比值，以表示某个指标；
$+x$dB　表示信号衰减或两个同类量的正比值，以表示某个指标。
但在实际中往往正负号不标、不读，读者也不会理解错。

相对电平用于表示功率时为：$x\mathrm{dB} = 10\lg\dfrac{P_2}{P_1}$；

相对电平用于表示电压时为：$x\mathrm{dB} = 20\lg\dfrac{U_2}{U_1}$。

（三）绝对电压

$$x\mathrm{dBm} = 10\lg\frac{P}{1\mathrm{mW}}$$

$$x\mathrm{dBmV} = 20\lg\frac{P}{1\mathrm{mV}}$$

$$x\mathrm{dB\mu V} = 20\lg\frac{P}{1\mu\mathrm{W}}$$

由于系统端阻抗都是 75Ω，所以三种绝对电平表示法可以互相转换，关系如下表：

原 为 ＼ 转换为加 值	dBm	dBmV	xdBμV
dBm	0	+48.75	+108.75
dBmV	-48.75	0	+60
xdBμV	-108.75	-60	0

（四）电平加减法

$x\mathrm{dB} + y\mathrm{dB} = z\mathrm{dB}$（增益加增益）；
$z\mathrm{dB} - y\mathrm{dB} = x\mathrm{dB}$（增益减衰减）；
$x\mathrm{dB\mu V}$（dBmV、dBm）$+ y\mathrm{dB} = z\mathrm{dB\mu V}$（dBmV、dBm）；
$z\mathrm{dB\mu V}$（dBmV、dBm）$- y\mathrm{dB} = x\mathrm{dB\mu V}$（dBmV、dBm）；
$x\mathrm{dB} + y\mathrm{dBX}$（比值不能直接加比值）；
$z\mathrm{dB} - y\mathrm{dBX}$（比值不能直接减比值）；

$x\mathrm{dB\mu V(dBmv、dBm)} + y\mathrm{dB} = z\mathrm{dB\mu V(dBmV、dBm)}$ （绝对电平不能直接加或减绝对电平）。

附录五　电晕损耗计算

一、采用经验公式

我国相关研究机构根据我国的实验数据，作出了 $F = \dfrac{P_{dy}}{n} = f\,(\delta r、E_M/\delta)$ 的计算曲线示意图附录五 -1 至图附录五 -4。利用图列曲线按下式计算年平均电晕损失，被称为"经验公式"，或者作出曲线进行近似计算。

式中
$$\overline{P}_{dy} = \frac{n}{8760}\,(2\Sigma F_g T_g + \Sigma F'_g T_g) \qquad (\text{附五} -1)$$

$\overline{P}_{dy}$——年平均电晕损失（千瓦/三相·千米）；

n——导线分列数；

F_g——各种天气条件下边相电晕损失计算常数等于 f（δr、E_{M1}/δ），由图附录五 -1 至图附录五 -4 查得；

F'_g——各种天气条件下中相电晕损失计算常数等于 f（δr、E_{M2}/δ），由图附录五 -1 至图附录五 -4 查得；

T_g——各种天气的持续时间（小时）。

我国的试验数据，主要是单导线和双分裂导线的试验资料。对三分裂及四分裂导线的电晕损失计算，只能作为参考。

根据前苏联实验资料作出了 $F = \dfrac{P_{dy}}{n^2 r^2} = f\,(E_M/E_0)$ 的通用计算曲线，示于图附录五 -5 和图附录五 -6 利用曲线按下式计算年平均电晕损失。

$$\overline{P}_{dy} = \frac{n^2 r^2}{8760}\left\{\left[2F_1\left(\frac{E_{M1}}{\delta^{\frac{2}{3}}E_0}\right) + F_1\left(\frac{E_{M2}}{\delta^{\frac{2}{3}}E_0}\right)\right]T_1\right.$$
$$+ \left[2F_2\left(\frac{E_{M1}}{E_0}\right) + F_2\left(\frac{E_{M2}}{E_0}\right)\right]T_2$$
$$+ \left[2F_3\left(\frac{E_{M1}}{E_0}\right) + F_3\left(\frac{E_{M2}}{E_0}\right)\right]T_3$$
$$\left.+ \left[2F_4\left(\frac{E_{M1}}{E_0}\right) + F_4\left(\frac{E_{M2}}{E_0}\right)\right]T_4\right\} \qquad (\text{附五} -2)$$

式中　$\overline{P}_{dy}$——年平均电晕损失（千瓦/三相·千米）；

E_0——全面电晕电场强度（$kV_{(峰值)}$/cm）。见第三章第四式（3 -31）；

E_M——导线表面最大工作电场强度（kV/cm）。见第三章第四式（3 -36）及式（3 -37）；

δ——空气相对密度；

n——导线分列数；

r——导线计算半径（cm）；

E_{M1}、E_{M2}——边相、中相导线表面最大电场强度（kV$_{(峰值)}$/cm）；

T_1、T_2、T_3、T_4——好天、雪天、雨天、雾凇天持续时间（h）；

F_1、F_2、F_3、F_4——好天、雪天、雨天、雾凇电晕损失计算常数，由图附录五—5 及图附录五 -6 查得。

二、关于气象资料的选择和修正

根据我国大部分地区的气象条件，可以将天气分为好天、雾天、雨天和冰雪天四大类。

（1）冰雪天：包括雾凇、雨凇、湿雪、干雪；

（2）雨天：包括毛毛雨及各种雨强的雨；

（3）雾天：包括各种大小的雾天、下霜天、结露天；

（4）好天：除以上之外，均属好天。

由于超高压送电线路载流量很大，导线表面不断发热的影响，对从气象资料获得的冰雪天、雨天持续小时数，应进行修正。即：

冰雪天持续小时数 $T_4 = K_1 T'_4$

雨天持续小时数　　$T_3 = K_2 T'_3$　　　　　　　　　　　　　　　　　（附五 -3）

式中　T'_3、T'_4——修正后的雨天、冰雪天持续时间（h）；

　　　K_2、K_1——雨天、冰雪天小时修正系数。

目前由于我国有关部门对雨天、冰雪天小时修正系数的试验资料不多、还未做出比较确切的资料，先采用前苏联的资料介绍如下：

降雨小时修正系数 K_2 按下式计算

$$K_2 = 1 - \frac{J_{Lj}}{J_{pj}}$$　　　　　　　　　　　　　（附五 -4）

式中　J_{Lj}——临界降雨强度等于 $0.2j^2 r$，j 为线路平均电流密度；

　　　J_{pj}——平均降雨强度，等于年降雨量除年降雨小时数。

冰雪小时修正系数 $K_1 = f(j)$ 的曲线，示于图附录五 -7。

三、我国选取的电晕损失曲线坐标系统

$$F = \frac{P_{dy}}{n} = f(\delta r、E_M/\delta)$$　　　　　　　　　（附五 -5）

式中，P_{dy} 为电晕损失（kW/相·根·km）；n 为导线分裂数；δ 为相对空气密度；r 为导线计算半径（cm）；E_M 为导线表面最大工作电场强度（kV$_{(峰值)}$/cm）；δr 见第三章第四节式（3 -32）及图 3 -10。

前苏联选取的电晕损失曲线坐标系统为：

$$F = \frac{P_{dy}}{n^2 r^2} = f(E_M/E_0)$$　　　　　　　　　（附五 -6）

式中，P_{dy} 为电晕损失常数（kW/相·根·km）；n 为导线分裂数；r 为导线计算半径（cm）；E_M 为导线表面最大工作电场强度（kV 峰值/cm）；E_0 为电晕临界电场强度（kV 峰值/cm）。

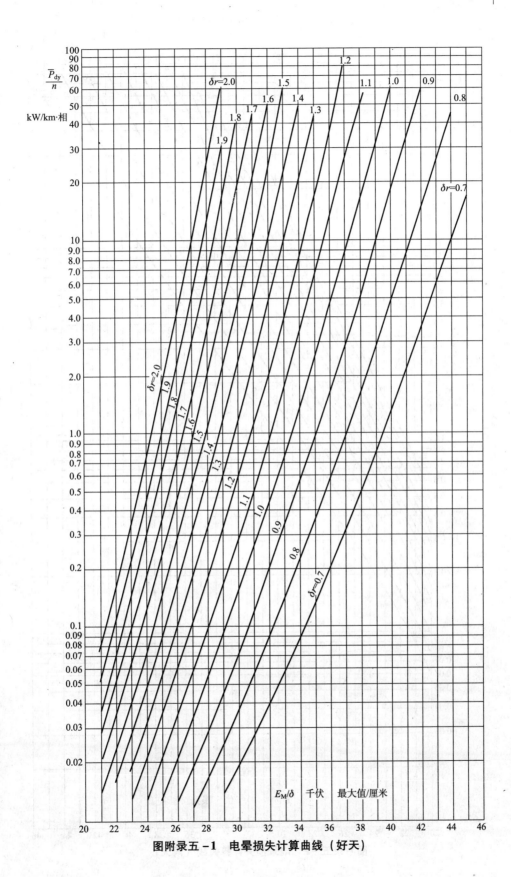

图附录五 -1 电晕损失计算曲线（好天）

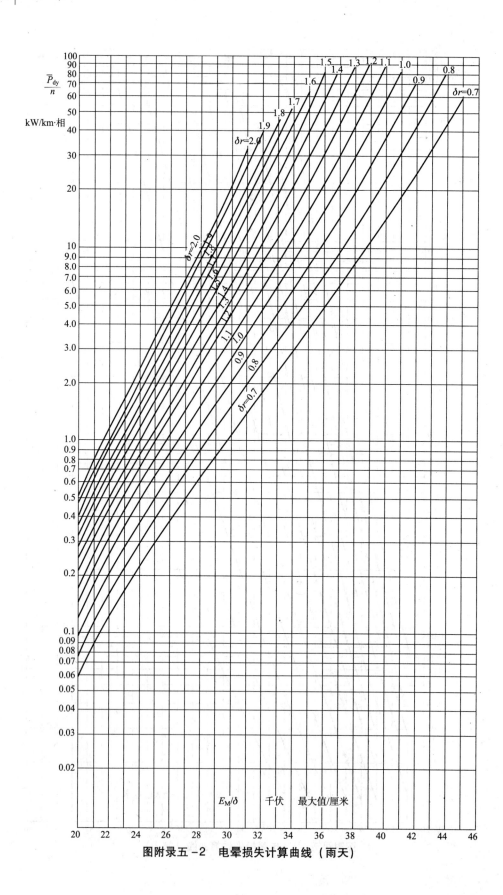

图附录五-2 电晕损失计算曲线（雨天）

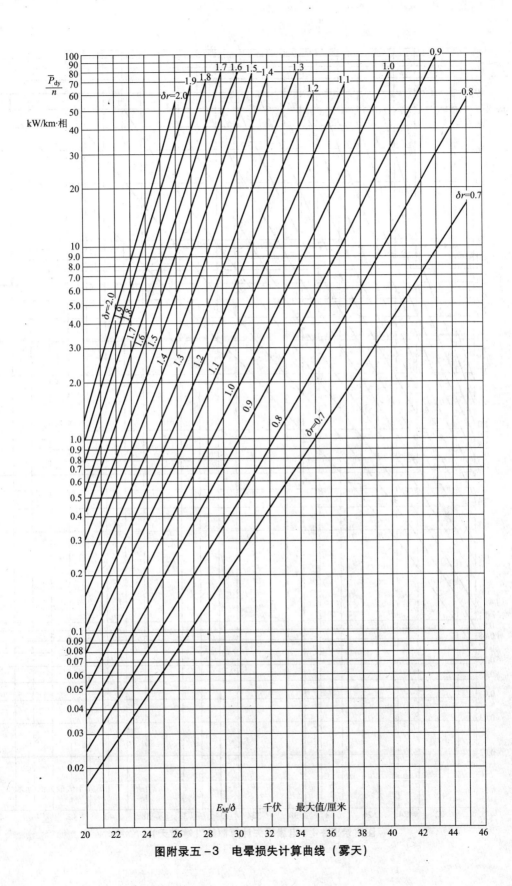

图附录五 -3　电晕损失计算曲线（雾天）

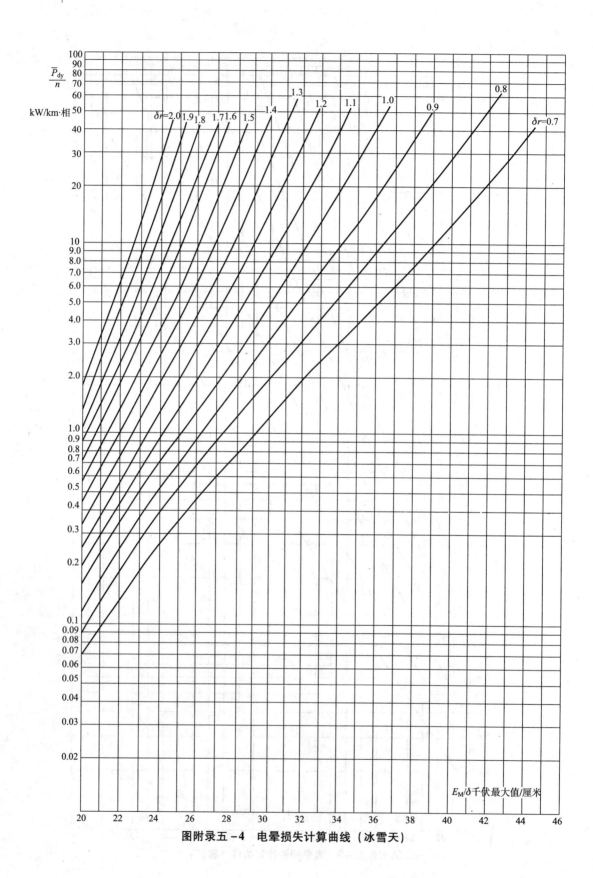

图附录五－4　电晕损失计算曲线（冰雪天）

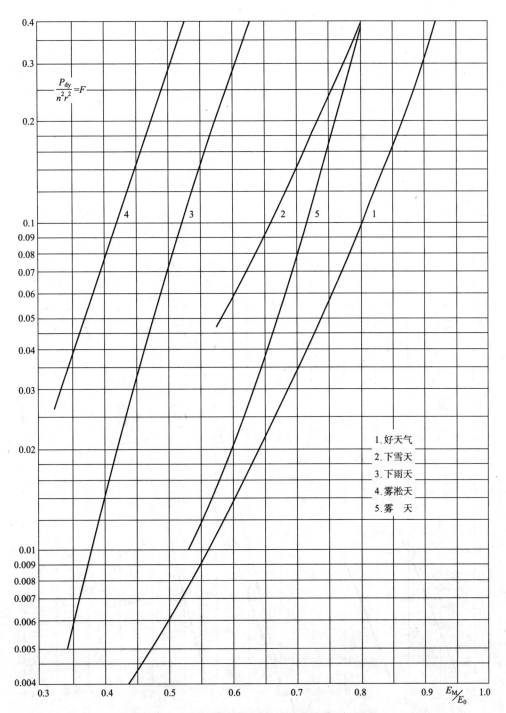

图附录五-5　各种天气情况下电晕损失计算曲线

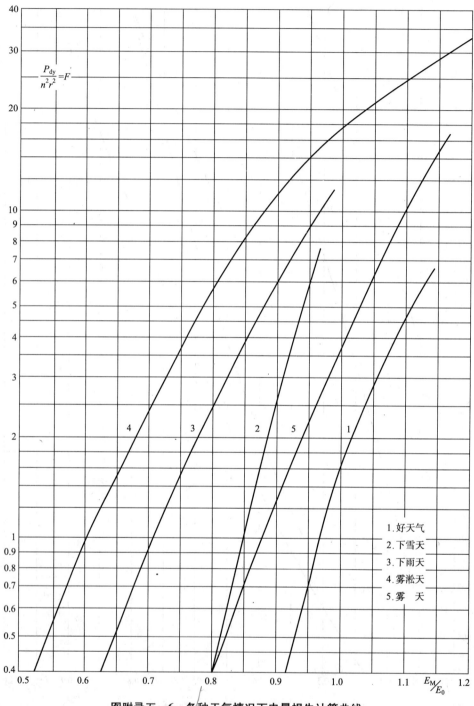

$$-\frac{P_{dy}}{n^2 r^2}=F-$$

1. 好天气
2. 下雪天
3. 下雨天
4. 雾凇天
5. 雾　天

E_M/E_0

图附录五 -6　各种天气情况下电晕损失计算曲线

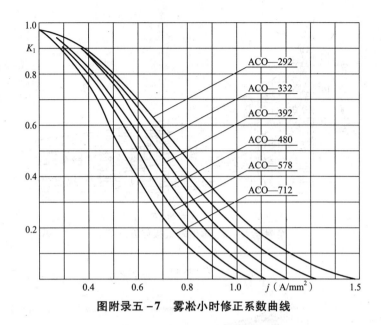

图附录五-7 雾凇小时修正系数曲线

附录六 超短波场强计算附图

超短波对地质反应敏感，场强计算较为复杂，需要借助实验曲线图附录六-1至图附录六-10曲线进行计算。这些实验曲线制定的条件为：

（1）发射功率1kW；

（2）基本振子为矮双极天线，如果干扰发射天线和被干扰接收天线不是矮双极天线，这时还需将天线方位方向系数除以1.5。

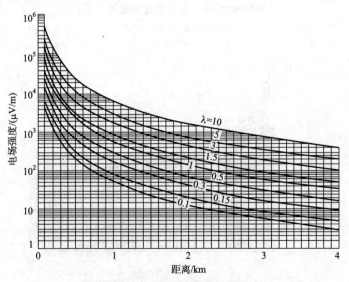

图附录六-1 湿地垂直极化波（一）

地型：湿地 $\varepsilon = 10$，$\sigma = 10^{-2}$

铅垂极化

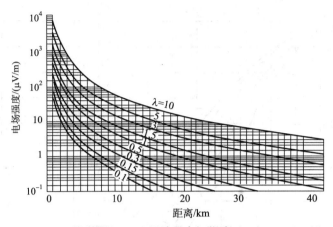

图附录六－2　湿地垂直极化波（二）

地型：湿地 $\varepsilon = 10$，$\sigma = 10^{-2}$

铅垂极化

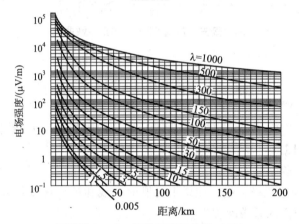

图附录六－3　湿地垂直极化波（三）

地型：湿地 $\varepsilon = 10$，$\sigma = 10^{-2}$

铅垂极化

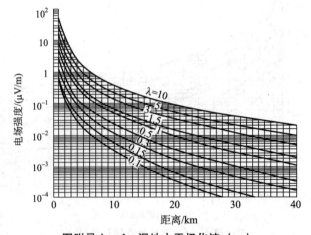

图附录六－4　湿地水平极化波（一）

地型：湿地 $\varepsilon = 10$，$\sigma = 10^{-2}$

水平极化

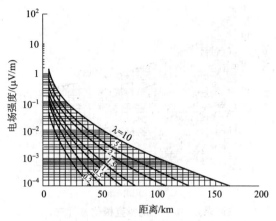

图附录六 –5　湿地水平极化波（二）

地型：湿地 $\varepsilon = 10$，$\sigma = 10^{-2}$

水平极化

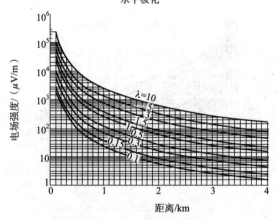

图附录六 –6　干地垂直极化波（一）

地型：干地 $\varepsilon = 4$，$\sigma = 10^{-3}$

铅垂极化

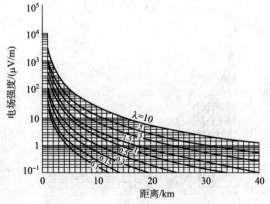

图附录六 –7　干地垂直极化波（二）

地型：干地 $\varepsilon = 4$，$\sigma = 10^{-3}$

铅垂极化

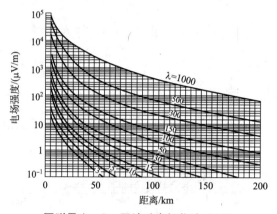

图附录六–8 干地垂直极化波（三）

地型：干地 ε＝4，σ＝10⁻³

铅垂极化

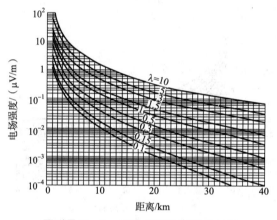

图附录六–9 干地水平极化波（一）

地型：干地 ε＝4，σ＝10⁻³

水平极化

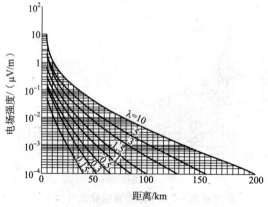

图附录六–10 干地水平极化波（二）

地型：干地 ε＝4，σ＝10⁻³

水平极化

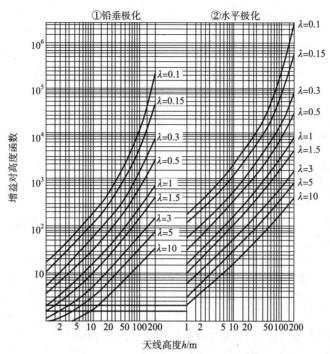

图附录六 –11　湿地天线高度函数

地型：湿地 $\varepsilon = 10$，$\sigma = 10^{-2}$

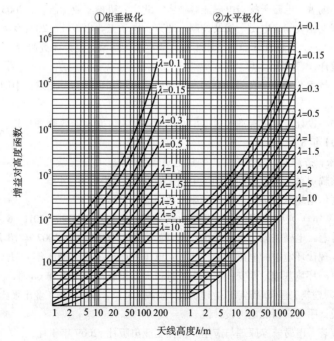

图附录六 –12　干地天线高度函数

地型：湿地 $\varepsilon = 4$，$\sigma = 10^{-3}$

参 考 文 献

[1] GB 4824 - 2004 工业、科学和医疗（ISM）射频设备电磁骚扰特性限值和测量方法. 北京：中国标准出版社，2004.

[2] GB 12638 - 1990 微波和超短波通信设备辐射安全要求. 北京：中国标准出版社，1991.

[3] GB 9175 - 1988 环境电磁波卫生标准. 北京：中国标准出版社，1989.

[4] GB 8702 - 1988 电磁辐射防护规定. 北京：中国标准出版社，1989.

[5] DL/T 5092 - 1999（110 ~ 500）kV 架空送电线路设计技术规程. 北京：中国电力出版社，1999.

[6] JGJ 16 - 2008 民用建筑电气设计规范. 北京：中国建筑工业出版社，2008.

[7] GB 50174 - 2008 电子信息系统机房设计规范. 北京：中国计划出版社，2009.

[8] GBJ 142 - 1990 中、短波广播发射台与电缆载波通信系统的防护间距标准. 北京：中国计划出版社，1991.

[9] GB 50285 - 1998 调幅收音台和调频电视转播台与公路的防护间距标准. 北京：中国计划出版社，1999.

[10] 何为，杨帆，姚德贵等编著. 电磁兼容原理和应用. 北京：清华大学出版社，北京交通大学出版社，2009 年 3 月.

[11] 吴忠智著. 工业与民用建筑电磁兼容设计. 北京：中国建筑工业出版社，1993 年 1 月.

[12] 李莉编著. 天线与电波传播. 北京：科学出版社，2009 年 8 月.

[13] 王庆斌，刘萍等编著. 电磁干扰与电磁兼容技术. 北京：机械工业出版社，2003 年 2 月.

[14] 林国荣编著. 张友德改编. 电磁干扰及控制. 北京：电子工业出版社，2004 年 4 月.

[15] Donald R. J. White 著. 屏蔽设计的方法和步骤. 航空航天部第七设计研究院译. 北京：航空航天部第七设计研究院译，1989 年 5 月。

[16] 北京节能与电力技术开发基金会编. 电的产生与电磁环境知识问答. 北京：中国电力出版社，2011 年 1 月.

[17] 钟景华. 数据中心设计与建造标准. 数据中心供配电解决方案及能效管理论坛会资料. 北京：[出版者不详]，2011 年 8 月.

[18] 王洪博，陆冰松，齐殿元，巫彤宁等. 手机电磁辐射评估. 中国无线通信，2004，6（4）.

[19] 黄标. 移动基站辐射对人体健康的影响. 中国无线通信，2004，6（4）.

[20] 李朝阳. 移动通信基站电磁辐射与人体健康. 数字通信世界，2007，3.

[21] 世界卫生组织（WHO）宣称："手机控"可能致癌. 北京晨报、广州日报，2011 - 6 - 2.

[22] 何宏，张宝峰等著. 电磁兼容与电磁干扰. 北京：国防工业出版社，2007 年 10 月.

[23] 赵玉峰等编著. 现代环境中的电磁污染. 北京：电子工业出版社，2003 年 11 月.

[24] 刘培国主编. 电磁环境基础. 西安：西安电子科技大学出版社，2010 年 08 月.

[25] 建筑设计资料集. 建筑工程部. 北京工业建筑设计院编. 北京：中国建筑工业出版社. 1964 年 1 月.

[26] 电力系统规划设计手册，西北电力设计院.

[27] 林福昌. 李化编著. 电磁兼容原理与应用. 机械工业出版社. 2009 年 4 月.

[28] GB 15707 - 1995 高压交流架空送电线无线电干扰限值. 北京：中国标准出版社出版，1996 年 8 月.

[29] GJB 5313 - 2004 电磁辐射暴露限值和测量方法. 北京：总装备部军标出版社发行部出版，2005 年 4 月.

[30] GB 6364 - 86 航空无线电导航台站电磁环境要求. 北京：中国标准出版社出版，1986 年 9 月.